U0144585

恐慌蔓延時

破除現代科技的迷思

林基興 著

五南圖書出版公司 印行

♋ 推薦

科學家秉著良心說明科學

　　社會大眾對不瞭解的新科技產品，難免有疑慮，因此，科學家必須秉著良心，根據科學證據來說明真理，例如，基因工程（基因改造）對於提高作物抗病蟲害及耐逆境的能力、環保、降低成本、提供糧食安全等，貢獻良多。本書作者費心解釋科技應用與社會現象，值得肯定。

　　—— 余淑美院士（中研院分子生物所）

以科學為根據

　　恐懼是人類最大的疾病，害怕的原因是不懂或被誤導。電磁波是否會對人體有害，從二戰結束以來研究就一直沒停過，筆者從事電磁波安全研究凡45載，深知此研究之複雜性，很多生物學研究者沒有工程人員的合作，實驗很容易出差錯。此書語重心長，指出正確科學的重要性。

　　—— 周重光博士（電機電子工程師學會
　　　　電磁安全委員會九五技委會主席）

理性客觀的科學是建立社會共識的良方

　　「基改、電磁波、核電」這三議題很不同，均深受民眾關心，而民眾的重大歧見，造成政府決策很大的困擾。林博士善用他的溝通專長和長期投入科普教育的經驗，投入社會公益，本書不只提供相關的正確科學資訊，也透過有趣的小故事解析問題，又從人性的角度來探討相關的風險認知，有助於縮短民眾對風險認知的落差。滿心期待！

　　——蔡春鴻（清大榮譽特聘教授、原子能委員會前主委）

專業探討科技

　　基因工程、核能發電、電磁波等科技與日常生活密切相關，然而其利弊得失卻未必為一般民眾所熟知。林基興博士長期從事科教工作有成，投入甚力，而今再次著書，從專業的角度解說以上三項廣泛應用的科技。此書致力破除道聽途說的言論，剖析和澄清社會面對的迷思，值得認真研讀與客觀探討。

　　——郭位院士（香港城市大學校長、美國國家工程院院士、
　　　中央研究院院士）

序曲

「兩邊看法如此不同,真叫人無所適從。那社會大眾、政府政策又將何去何從?」

以上是某社會領袖,在知道「2016年,百位諾貝爾獎得主支持基改」後的感嘆,因她才剛從反基改者學到相反的觀點,而信以為真;現在的她快「精神(認知)錯亂」了。

類似地,2013年,經濟學者馬凱之文〈分裂的「知識分子」是分裂國家的禍根〉,感嘆學者選擇性地發一面之詞,各是其是、各非其非,令非專業者不知所從;國家百廢難興,因力量投入對抗而相互抵消。

筆者服務於行政院科技顧問組,親睹發展科技的困境與希望,例如,當年,李國鼎政委的心志:「我生在憂患環境,塑造了我的人格,自然把國家歷史的恥辱帶到個人心境深處,影響我一生的志業,使我對國家的觀念和責任牢不可破。我希望國家進步的心很急切:『人家能,我們為什麼不能』。」不幸地,就在發展近代科技略有基礎後,在三個科技議題上,不少反對者鼓吹甚力,而媒體與民代也跟著恐慌與抗爭,結果,傷害個人健康、社會和諧、國家進步甚巨。瞭解實情的科學家,當不忍見此慘狀,而需出面澄清相關科學知識。

　　筆者努力公益，常想《櫟園書影》所說：「昔有鸚鵡飛集陀山，乃山中大火，鸚鵡遙見，入水濡羽，飛而灑之。天神言『爾雖有志意，何足云哉？』對曰『常僑居是山，不忍見耳！』天神嘉感，即爲滅火。」

　　科學家隨時不可或忘，所有科技作爲，最關心的總是人類福祉，則我們心力的成果，將是人類的祝福，而非詛咒。

　　　　　　—— 愛因斯坦，美國加州理工學院演講，1931年

　　危機就是轉機嗎？1859年，英國大文豪狄更斯（Charles Dickens），以法國大革命爲背景的歷史小說《雙城記》，開場的引言：

　　　　這是最好的時代，也是最壞的時代；
　　　　這是智慧的時代，也是愚蠢的時代；
　　　　這是光明的季節，也是黑暗的季節；
　　　　這是希望的春天，也是絕望的冬天。

　　　　轉朱閣，低綺戶，照無眠。何事長向別時圓？

∽ 目錄

第一章　宏觀世局與國運

1971年10月25日，臺灣被趕出聯合國（圖1-1-1）。

這非「單一」打擊，因同時也要退出重要的附屬機構，包括世界衛生組織、國際糧農組織、聯合國教科文組織、國際民航組織、國際海事組織、國際電信聯盟、萬國郵政聯盟、世界氣象組織、國際勞工組織、國際原子能總署等；遑論各國紛紛斷交。

圖1-1-1　在1971年10月25日，出席第26屆聯大的我國外長周書楷（右）、駐聯合國首席代表劉鍇（左）。「中華民國在臺灣」急流勇退。圖片來源：飛揚的心情創作園地

當時國人亟需鼓舞；例如，1972年，描述追求理念的美國勵志暢銷書《天地一沙鷗》（Jonathan Livingston Seagull），中譯本大受歡迎。隔年，傳播該理念的流行歌〈海鷗〉，其歌

詞「海鷗飛在藍藍海上，不怕狂風巨浪……飛得越高看得越遠，它在找尋理想」，大快人心。

一、自己國家自己救

1979年1月1日，美國與臺灣斷交，猶如屋漏偏逢連夜雨。

晴川歷歷漢陽樹，芳草萋萋鸚鵡洲。日暮鄉關何處是，煙波江上使人愁。

—— 崔顥，唐詩人，〈黃鶴樓〉

1994年，美國國家科學院前院長賽馳（Frederick Seitz）博士（圖1-1-2），由美國物理學會出版自傳《在科學前緣》中，提到他與德州儀器公司董事長海格第（Patrick Haggerty），當年「路見不平拔刀相助」的義氣。

1979年，美國卡特總統決定與臺灣斷交，此舉在臺灣引起相當大的憂慮，部分原因在於害怕美國完全拋棄臺灣。之前，中國嘗試以軍事武力奪取臺灣，但是失敗了，這就讓人擔心危險仍然存在。海格第和我提議，我們組織一個顧問組，讓臺灣知道，許多美國人支持臺灣。

—— 賽馳，行政院前首席科技顧問

(1) 風雨飄搖中

相對地，在國內，李國鼎政委想邀聘美國科技專家，來擔任我國的顧問，並藉由美國的全球戰略關係而橋接世界。第一次科技顧問會議於1980年1月舉行，邀5位外籍顧問與國內產官學研五十餘人參加。

該次會議成果豐碩，更由於新聞媒體的重視與報導，給國內民心士氣極大鼓舞。這為行政院科技顧問組成立帶來喜訊，也將美國中止外交關係的陰霾一掃而空。

　　　　　—— 李國鼎，1980年第一次顧問會議後（圖1-1-3）

圖1-1-2　1980年，美國國家科學院前院長賽馳、行政院院長孫運璿。　　圖1-1-3　1980年，嚴家淦總統（左一）、首席科技顧問海格第（左二）。

註：本書中圖片如無註明圖片來源，表示該圖來自維基百科或作者。

當年的一些領袖，為風雨飄搖國家奮鬥的事蹟，實在令人動容，例如，1973年，經濟部長孫運璿建議倣傚韓國的「科技研究院」，成立工業技術研究院（圖1-1-4），突破政府法規限制，邀聘傑出專家回臺研發。當時備受立委反對，責難不已。終於成立後，孫運璿因此被尊稱為「工研院之父」。

孫運璿曾說過，自己有六個孩子，前四個是老婆生的，老五是台電，老六則是工研院。孫運璿極力找回的IC教父張忠謀，回台第一件事就是「管教」孫運璿的第六個孩子。

—— 孫運璿學術基金會

圖1-1-4　工業技術研究院。圖片來源：工研院

(2)「丟官、砍頭，我來頂」

1973年，爆發全球石油危機。1974年2月7日，臺北「小

欣欣豆漿店」裡，經濟部長孫運璿等人，聽美國無線電公司（RCA）研究室主任潘文淵，提議臺灣經濟轉型策略。

潘文淵與臺灣無關聯，但受邀幫忙臺灣。他認為當時臺灣電子工業，應從勞力密集轉為技術密集，積體電路將提升臺灣電子工業，產生最大的附加價值。最省時的方法，就是從美國引進積體電路，加值電子錶，因臺灣已有錶殼與錶帶生產經驗。孫運璿問他要多少經費？潘文淵說一千萬美金（時約四億元新台幣）。孫運璿抱著「丟官也要把這件事做好」的堅持，為RCA公司積體電路技術移轉計畫，投入4億9千萬元；送年輕工程師到RCA受訓，行前，孫運璿叮囑「只准成功、不許失敗」。當時政府官員裡，幾乎沒人懂積體電路，卻敢信任專家，放手一搏，氣魄非凡。孫運璿（圖1-1-5）說：「丟官砍頭，我來頂；開發研究，你們放心去幹。」

圖1-1-5　約在1986年，孫運璿資政與工研院院長張忠謀、電子所所長史欽泰。圖片來源：工研院

　　1983年，李國鼎到美國各地，說服旅美科技專家返國服務，他形容這些科技專家是「一萬青年一萬兵」，希望他們秉持當年抗戰的精神，加入為臺灣奮鬥的行列（圖1-1-6）。

圖1-1-6　　約在1985年，左起清大校長毛高文、工研院董事長徐賢修、工研院院長方賢齊、張忠謀、潘文淵、清大工學院院長李家同、工研院副院長胡定華。圖片來源：工研院

1. 念去去，千里煙波

　　當年臺灣與世界先進國斷交，科學交流幾乎全部停擺，我國科學處境極為困難。外籍科技顧問出自義氣，在當年國際氛圍中來幫助我國，他們常為該國舉足輕重人物，可「另闢蹊徑」，讓臺灣與該國交流參與，例如：

　　(1)史達爾（Chauncey Starr，圖1-1-7），為美國電力研究院（EPRI）創辦人與第一任總裁，對我國台電各種能源科技貢獻很多，並協助台電派員赴該院研習。(2)雷模（Simon

圖1-1-7　1980年，美國電力研究　　圖1-1-8　雷射發明人梅門。
　　　　 院創辦人史達爾夫婦、
　　　　 台電董事長陳蘭皋。

Ramo），為美商精密電子（TRW）共同創辦人，曾任美國福特總統科技顧問委員會主席，並派其公司的雷射發明人梅門（Theodore Maiman，圖1-1-8），來臺協助我國發展光電科技。(3)沃特門（Sterling Wortman），曾任洛克斐勒基金會副總裁與世界銀行顧問，協助我國發展農業產銷系統、培育農業專才、農業研發基金等。(4)麥凱義（Kenneth McKay），曾為美國電話與電報公司副總裁，協助研訂我國電信發展計畫、安排貝爾電話實驗室協助交通部電信研究所、來臺投資設廠製造數位交換機等。

　　科技顧問對我國貢獻很大，值得國人「飲水思源」。也許，最突出的是B型肝炎防治與資訊科技。

(1)「1984年後出生的臺灣人請說謝謝」

二十世紀，臺灣的「國病」是B型肝炎，1970年代，約兩成民眾帶有B型肝炎病毒。1968年，美國華盛頓大學公衛學家畢思理（R. Palmer Beasley，臺灣女婿，圖1-1-9），發現臺灣孕婦的B肝帶原率20%、高盛行率歸因於母嬰垂直傳染、B肝免疫球蛋白阻斷垂直傳染、B肝病毒感染與肝癌相關。

1980年1月，科技顧問賓納德（Ivan Bennett，曾任美國詹森總統顧問，圖1-1-10），開始參與我國B型肝炎防治。1981年1月，衛生署召開「B型肝炎疫苗試用審議委員會」，批准畢思理B型肝炎疫苗試種計畫，但一群陽明等校學者，質疑血漿疫苗的安全性；雖經整合會議，異議之聲仍大。1981年11

圖1-1-9　2010年，畢思理（左、中為其妻黃綠玉）接受美國B型肝炎基金會獎項。右為肝炎專家布隆伯格（1976年諾貝爾生醫獎得主）。圖片來源：美國B型肝炎基金會

圖1-1-10　我國科技顧問賓納德（曾任美國詹森總統顧問）。

月，科技顧問組迅即召開「國際病毒性肝炎討論會」，由賓納德主持，邀集全球著名肝炎專家，在一致肯定血漿疫苗的安全性與預防的必要下，反對的聲浪方消。

衛生署認為國產疫苗，需依世界衛生組織標準，進行連續5批猩猩試驗、至少6個月的人體試驗；這將拖延量產疫苗1年；1985年，賓納德於美國洛克菲勒大學（校長為我國科技顧問賽馳），召開「特別會議」，設計疫苗臨床試驗，兼顧衛生署規定與發展國產疫苗（為發展生物技術鋪路）。

也許最大的貢獻來自賓納德，結合臺灣之力，他後來促成臺灣實施B型肝炎防護計畫，一開始還引發相當大的恐慌，後來經過賓納德力邀世界級專家與會支持，臺灣才相信防護功效。

——賽馳

1984年，預防注射帶原母親的新生兒，1986年，擴及所有新生兒。1997年，研究顯示，預防注射已使兒童肝細胞癌發生率下降50～70%，此為首次醫學證明「預防病毒感染可以預防相關癌症的發生」。因此，1997年，世界衛生組織將B型肝炎預防注射，列入嬰幼兒接種。對於我國的B型肝炎防治計畫，肝炎專家布隆伯格（Baruch Blumberg，1976年諾貝爾生醫獎得主）稱讚：「臺灣的B型肝炎防治計畫的構想、執行、評

估，非常的完善，全國性的防治就如執行研究計畫般嚴謹，實在了不起」。

賓納德來台共38次；1990年，來台途中過世。2012年，彰化沈醫生提到「1984年後出生的臺灣人請向畢思理說謝謝」，這句話更適用於賓納德。

(2) 故人已乘黃鶴去

1982年，美國IBM公司副總艾凡思（Bob Evans，圖1-1-11），受聘爲科技顧問。1983年起，他主持「大型積體電路暨電腦技術評估小組」、「次微米製程技術發展計畫」；1992年起，參與「行政院電子資訊與電信策略會議」。1995年，受張忠謀聘爲世界先進公司總經理。

艾凡思是美國國家工程院院士，曾因發展電腦，被尊爲「IBM 360系統之父」，1985年，榮獲美國國家技術獎章。

當年，臺灣仿冒IBM個人電腦與軟體，讓如「夾心餅乾」的艾凡思很困擾。結果，他帶了IBM律師到臺灣，與政府達成協議，讓臺灣以很低的代價拿到IBM授權。他的「義行」奠定我國尊重智慧財產權的觀念，更幫助臺灣資訊業在全球的快速發展。

艾凡思邀請國人參訪IBM總部，成員包括劉兆玄（前行政院院長）等。又邀電子工業高級主管組團，前往美國IBM經營管理學院、各大生產工廠觀摩，當年陪同參訪與學習的兩位IBM幹部，後來返國擔任東元與台達電重職。他也鼓勵IBM華

裔科學家利用休假輪流返台工作。

2. 安內與壤外

　　諸如上述國內外賢達，已將臺灣從二戰後，內憂外患的窮困農業國家（1961年人均所得162美元），歷經新興工業化國家，再發展成亞洲四小龍之一（2001年人均所得13,093美元）。

　　生物醫學與資訊科技等，「顯現臺灣國力」，但在最現實的國安層面，這些「軟實力」足以自保嗎？

(1)「矽屏障」的聯想

　　2016年3月25日，普林斯頓大學榮譽教授鄒至莊院士（圖1-1-12），為文〈中國當世界第一強國的來臨〉，認為在十年內中國必會變成世界的第一強國。因為，今天中國的GDP以

圖1-1-11　1983年，IBM科學家王伯元、行政院政委李國鼎、行政院科技顧問艾凡思。

圖1-1-12　普林斯頓大學榮譽教授鄒至莊院士。圖片來源：盧安迪

購買力計算和美國的大致相等，這是根據國際貨幣基金和世界銀行2015年公布的結果。十年以後，中國的GDP將高於美國的38%，中國將會變成世界的第一強國。環觀世界近代史，荷蘭、葡萄牙、西班牙、英國、美國，相繼利用經濟力量成爲世界的先進。中國經濟快速發展，是能當世界第一強國的原因。

　　2001年9月，澳洲記者頁迪森（Craig Addison），出書《矽屏障：保護臺灣防止中國攻擊》，認爲國際重量級產業才是臺灣眞正的國防。2016年2月22日，奇景光電吳執行長，爲文〈台積電是臺灣最好的國防屏障〉，因爲台積電（圖1-1-13）不但技術層次極高，對臺灣社會整體的貢獻極大，它在全球的高科技界，更是個不可或缺的頂級品牌。台積電擁有對全球經濟運行難以衡量的巨大軟實力，形容台積電是臺灣最好的國防屏障，一點也不爲過。

圖1-1-13　台積電公司。

(2) 不忍見科技受傷

　　如上述，經由國內外協同奮鬥，臺灣已有些優質的科技成果。創業維艱，然後呢？不幸地，當前，我國的基因科技、電磁科技、核能科技遭遇誤解與抗爭，也傷及民生福祉。

　　回顧所來徑，前輩奠定優質的基礎，例如，為了國家能源安全，1968年，我國籌建先進能源核電（圖1-1-14）。

圖1-1-14　核一電廠。

　　1977年初，比我國核能計畫稍晚起步的韓國古里電廠宣稱即將發電，孫運璿先生曾對我說總統很著急，問我金山計畫可否提前，我當時報告孫先生最後階段必須徹底檢查，整個原子爐系統必須全面清洗，一點都不能馬虎，我只能盡我的力一步一步去做，搶時間是有所礙難，孫先生聽了很諒解，不過離去時表情凝重。結果，韓國古里電廠比我們核能一號機提早了半

年發電，可是運轉不到一個月就被迫停下來各處檢修，而我們核能一號機自1977年11月16日併聯發電則一直順利運轉，毫無意外。

——沈昌華，台電核能火力發電工程處處長

第二章　對科技的認知

　　一般人從媒體學科學，但媒體注重爆料、聳動、娛樂，至於所報導的科學內容的正確度，就鞭長莫及、愛莫能助。

　　若民眾缺乏相關的的科學基礎，在聞悉某科學事實，或許會接納、有印象，但很可能不久就忘了；接著，若聽到相反的宣稱（或轟炸），則可能會接納，因為缺乏「適當的科學基礎當後盾」，稍被慫恿，就動搖立場。不像專家那樣「真積力久則入」，這也是科學「說明會」的效果，可能不彰的原因，或說「溝通不易」。

　　當前的社會氛圍，不利於「基改、核能、電磁波」，因民眾的恐慌多於瞭解，也無力分辨其風險與福祉，嚴重影響此三項科技的發展。

一、基改科技的福祉與風險

　　古來，人類受盡亨丁頓舞蹈症的折磨，起因是第四對染色體突變而作怪，病發時會無法控制四肢，有如手舞足蹈，最後呼吸困難等因而亡，狀甚悲慘。1983年，美國遺傳學家古賽拉（Jim Gusella，圖2-1-1）已找出致病基因，有朝一日，基改科技的「基因療法」，應可糾正該基因，讓人免受折騰。

又如，史上，人與蟲爭取食物，各出妙招，例如，玉米螟蟲（圖2-1-2）深藏玉米莖內，噴農藥只保護到外表莖葉。另外，玉米為非洲主糧，超過三百萬農民常缺水灌溉，近來的暖化更加重乾旱問題。基改科技將相關的基因放到作物內，強化其抗蟲、抗旱能力。

基改是個工具，可幫助醫藥、農業、能源、環保等。遺憾地，農業方面受到汙名化。

圖2-1-1　美國遺傳學家古賽拉。　圖2-1-2　玉米螟蟲。圖片來源：Scott Akin

1.「科學怪人」作怪

200年前，英國女作家瑪麗・葛文（Mary Godwin，當時是英國著名浪漫主義詩人雪萊的女友，圖2-1-3），於瑞士撰寫近代人類第一本科幻小說《科學怪人》（*Frankenstein*）（圖2-1-4），揭開傳播科學恐慌的序幕。

圖2-1-3 英國女作家瑪麗·葛文
（後來的雪萊夫人）。

圖2-1-4 《科學怪人》
的插圖。

該書描述某醫生的瘋狂計畫，創造出像人但恐怖的怪物，旋即後悔而要殺掉它，雙方發生衝突。1818年，初版後，漸受歡迎。1823年，首度在倫敦演出舞台劇時，所有女性觀眾全嚇昏。後來還衍生超過70部電影，對科學的傷害難以估計，例如，反基改者順勢地，將基改食品定名為「科學怪食」（Frankenfood）。

科學怪人之後，科學家將這些玩意兒帶到現實中，民眾應可高舉火炬抗議這些「科學怪食」。

——〈突變食物創造了我們無法猜測的風險〉
1992年《紐約時報》投書

後世改編「科學怪人」的作品中，除了宣揚怪誕邪惡外，也有改編成面惡心善的；可知，社會中還有正面看待科學的

人，但不一定廣為人知，猶如美國名著《惡魔糾纏的世界：科學如幽暗中的蠟燭》，描繪「科學之光微弱但挺住」的情景。

將基改食品稱為「科學怪食」，就是一種「框架」。使用框架，方便民眾理解。最強力的框架往往是負面的。不同人對同一框架可能顯示不同的解讀和個人的認知有關。「基改」這個用語，已被轉型為變種怪物、有害等負面形象。

當前，在各種抗議基改食品和作物的場合，常可看到「科學怪食」的諷刺漫畫，尤其在綠色和平組織領軍的示威，令人作嘔或畏懼的科學怪食，導致全球諸多基改食品恐慌，可見貼標籤、「恨之欲其死」的威力。不解科技卻心生不滿者，「欲加之罪，何患無辭」。

2. 天然的基改

其實，所有生物都一直在基因改造，因為隨機突變一直發生。例如，比較人類親子的基因體，大約有一百個突變。

反基改者擔心基因汙染、跨物種，認為物種間的基因轉移，為不自然的與危險的，但這在自然界早已發生，美國加大河濱分校分子遺傳學家麥賀分（Alan McHughen，圖2-1-5）澄清：「反基改者說，在自然界，基因不會跨越物種屏障，那只是無知。大自然一直這麼做，傳統植物育種者亦然。」豌豆蚜蟲帶有真菌的基因，黑小麥（圖2-1-6，在麵粉和早餐穀物中）是小麥和黑麥的雜交種（小麥本身就是跨物種的雜

交種）。雙子葉的Striga hermonthica，從單子葉的高粱取得基因、蚜蟲從真菌取得製造類胡蘿蔔素基因、瘧原蟲從人類偷取基因、甲蟲（coffee borer beetle）從細菌取得基因HhMAN1等。

圖2-1-5　美國加大遺傳學家麥賀分。

圖2-1-6　黑小麥是小麥和黑麥的雜交種。

　　自然界一直存在基因改造，例如，2015年，科學期刊中至少指出3件自然基改：(一)3月，英國牛津大學生物學家克里斯（Alastair Crisp）團隊，在《基因體生物學》（*Genome Biology*）發表論文，指出人類基因中，有145個基因，從細菌、古細菌、真菌、其他微生物、植物和動物水平轉移過來。(二)4月，國際馬鈴薯中心卡魯茲（Jan Kreuge，圖2-1-7）團隊，於《美國國家科學院院刊》（PNAS）論文指出，自然界早已出現基改甘薯，內含農桿菌插入的基因。(三)9月，《科學》報導，法國拉貝列（François Rabelais）大學生物學家德列任（Jean-Michel Drezen，圖2-1-8）團隊發現，黃蜂早將其基因轉移到帝王蝶中。

幾乎所有的農產品，在某時間點是基改的，連老闆與顧客也是，就如最近《基因體生物學》期刊文章所示，今天人類約有的兩萬個基因中，有一些來自水平基因轉移（來自其他生物），因此，我們都是基改生物。但一些人就是害怕基改，認為所有的基改生物均需標示。

—— 婕米森（Kathleen Jamieson），美國賓州大學教授

當前反基改的論調，部分來自1984年，美國活躍份子瑞夫金（Jeremy Rifkin，圖2-1-9）在國會的說辭：「將基因從一物種轉移到另一物種，代表對物種完整性原理的徹底攻擊。」這位科學大外行，能攻陷美國國會，但可能在美國國家科學院「大放厥詞」嗎？

圖2-1-7　發現天然基改甘薯的卡魯茲。

圖2-1-8　法國生物學家德列任。

圖2-1-9　美國活躍份子瑞夫金。

(1) 本是同根生

　　三十多億年前，地球開始出現生物的共同遠祖（圖2-1-10）。你我現在的DNA和基因，有一部分還是三十億年前流傳下來的。人和其他生物的相似性讓我們更體會生命的統一性，畢竟生物來自同一源頭。細胞均具共通處，例如，分裂時均複製DNA。

圖2-1-10　「生命之樹」表達生命共同起源與時序。

　　各種生物基因的運作規則一樣：基因轉錄成RNA，再轉譯成蛋白質。比較細菌、植物、人等，蛋白質的功能區塊（domain）不論在序列或結構上均類似。不同生物蛋白質的相似性，反映生物細胞執行許多相同的反應，而且顯示生物之間的關係。生物內的轉錄和轉譯規則均相同，因此，細菌的基因經適宜的轉換可在植物中運作，也可製造出相同的蛋白質。

就像表達同一意思的一個字可用在許多文章中，基因為一段資訊而可用在許多不同的生物體內。所有的生物體互相關連，而分享相同的基礎遺傳系統，因此，一個生物體的基因也可在另一生物體內發揮功能。你可將魚的一個基因放在水果內，或相反地將水果的一個基因放在魚內，魚的基因只是片段的資訊，而沒貼著標籤寫著「我來自魚」。

———摩西，英國生技教授（圖2-1-11）

諾貝爾生醫獎1965年得主雅各（Francois Jacob，圖2-1-12）指出，生物均由差不多同樣的分子組成，從人類到酵母均具類似分子執行共同的功能，因為控制基因運作調節的差異，就出現這麼多種生物。因此可說，人類和豌豆的差異，主要並非在於基因，而在於基因如何、何時、何地運作和布局蛋白質。

圖2-1-11　英國生技教授摩西。

圖2-1-12　諾貝爾生醫獎得主雅各。

許多生物均具有抗冷基因，例如，甲蟲、冬裸麥、胡蘿蔔、龍葵等，所產生蛋白質的保護方式基本上一樣，但有效度各異。因為轉錄和轉譯DNA的規則適用所有生物，不管魚或甲蟲或番茄基因表現的氨基酸系列，則均一樣。來自魚的基因並不會讓番茄產生「魚腥味」。生物本來就共用DNA和蛋白質、沒有「番茄基因」或「細菌基因」；基因的改變是演化的基礎；這是我們對基改的安全性更有把握的原因之一。

(2) 古來的「傳統育種」

傳統以來，育種方式包括雜交、組織培養、化學與輻射誘變、電融合等（圖2-1-13、2-1-14、2-1-15）。

雜交育種讓人改變自然與加速變異，雜交造成作物遺傳基因的整批翻新，而常造成無法預知的後果；相反地，生物技術以精確方式，把遺傳物質引進作物中，而常是一次一基因；諾貝爾獎得主華生（James Watson，圖2-1-16）指出，傳統的育種方式就像揮舞著一把大鎚，生物技術則像小心地捏著一隻鑷子；傳統與生技在基因改造手法的粗細，有如天地之差。

「組織培養」（圖2-1-17）可出現新的品種，依植物型態、從何部位取出組織、植物賀爾蒙的相對量等，即使不用輻射或誘變化學物質，就可獲得各式突變種，它們都稱為體細胞變異，其產物包括嘉磷塞除草劑的玉米，但均非基因工程產物，因此都被歸類為「非基改」。1950年代，美國愛荷華州立大學奧馬拉（F. G. O'Mara）使用秋水仙鹼，結合其實不能自

圖2-1-13　育種方式包括雜交，馬和驢的後代稱為騾。

圖2-1-14　傳統育種也是基改，
　　　　　例如，玉米。

圖2-1-15　輻射誘變植物，中
　　　　　央放置輻射源。

圖2-1-16　諾貝爾獎得主華生。

圖2-1-17　試管內組織培養葡萄。

然雜交裸麥和硬粒小麥，而創造出新作物小黑麥，大受歡迎而廣泛種植於世界各地，且在「自然食品店」出售。

1920年代，科學家以X光、加馬射線、快速中子、熱中子等，均可促成植物突變。例如，在美國最受歡迎的葡萄柚Rio Red，是在1968年經由熱中子輻射葡萄柚苗芽而成。輻射誘變小麥Above和美國孟山都公司產品抗農達（Roundup Ready）作物一樣，能抵抗除草劑，兩者特性相同，但是Above卻不歸類為基改。2014年，聯合國糧農組織報告，全球種植超過一千種化學與輻射誘變主要作物。

每年數百萬的品種歷經基因改造（雖不是使用基因工程），從無政府監督或限制（擾動更多基因），為何反基改者更不在意？

—— 密勒（Henry Miller，圖2-1-18）

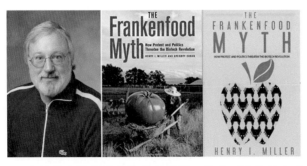

圖2-1-18　史丹佛大學分子生物學家密勒、其書《科學怪食迷思》。

3. 基改的「定義」害慘科學

我國衛福部公告，依「食品安全衛生管理法」，「基改」指使用基因工程或分子生物技術，將遺傳物質轉移或轉殖入活細胞或生物體，產生基因重組現象，使表現具外源基因特性，或使自身特定基因無法表現之相關技術。但不包括傳統育種、同科物種的細胞與原生質體融合、雜交、誘變、體外受精、體細胞變異及染色體倍增等技術。

（照射和化學）突變被認為現代標準育種技術……是自然的；其實它們是殘酷地和相當不可預測地改變基因。其中有些食品已存在八十年，而且還是有機食品店的典範代表。

——碩勒（David Saul），紐西蘭奧克蘭大學生物學家

聯合國糧農組織（圖2-1-19）與世界衛生組織組成食品標準委員會（Codex）、卡塔黑納生物安全議定書（Cartagena Protocol on Biosafety）、歐盟等，對「基改生物」的定義也是，指「基因工程」改變，排除其他人為與自然方式。

(1) 專家要求改名為「精準農業」

不幸地，官方的定義助長反基改者的聲勢，因歧視分子生物學科技，卻獨尊其他方式（雜交、組織培養、化學或輻射誘變、電融合等）。其實應以個案檢視安全度，而非以「方法」

區分。例如，自然的水與人為的水，均是「兩個氫一個氧」（H$_2$O），安全度一樣。此歧視讓反基改者咬定基改就是不自然、違背自然、「理當危險」，因此該禁止。

　　容我冒昧，查理王子，殿下在1998年說過一句名言：「基改使人類進入上帝專屬的領域」。其實我們的祖先老早就已經踏入這個領域，幾乎所有人類的食物都不能算是「自然」的。

——華生

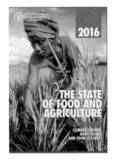

圖2-1-19　聯合國糧農組織報告支持基改作物。　　圖2-1-20　諾貝爾生醫獎得主羅伯茲。

　　1993年諾貝爾生醫獎得主羅伯茲（Richard Roberts，圖2-1-20）說，「基改生物」應改稱「精準農業」。

　　超過兩千種作物由化學或輻射產生突變而成，其中的一半在1985年後釋出的，包括小麥、稻米、葡萄柚、萵苣、豌豆

等。這些作物就比黃金米（基改添加維生素A）更少基因改造或更自然嗎？」

——費多樂（Nina Fedoroff，美國國家科學院院士，圖2-1-21）

圖2-1-21　基改專家費多樂由布希總統頒贈國家科學獎（2007）。

4.百位諾貝爾獎得主的呼籲

　　基改作物與食品上市已20年，但因受到許多反基改者阻礙，推廣困難，例如，在臺灣，就不能種植基改作物，卻進口基改食品原料，浪費外匯甚多；隨著全球暖化與極端氣候的惡化、世界人口的增加等因素，糧食問題在自給率約三成多的臺灣，實在令人憂慮。

(1) 專家看不下去

　　2016年6月30日，生技專家羅伯茲，號召一百多位諾貝爾獎得主，簽署公開信〈諾貝爾獎得主信件支持精準農業（基因改造生物）〉，給綠色和平組織、聯合國、各國政府。呼籲綠色和平停止抵制基改作物，尤其是為解救缺乏維生素A傷亡者

的黃金米（圖2-1-22）；並呼籲各國政府反對綠色和平組織的行動、加速應用基改技術。發信之因是，綠色和平引領反對現代植物育種，扭曲其風險、效益、影響，又支持破壞合法的田間試驗和研究。

圖2-1-22　從左而右：黃金米之父波崔庫斯（Ingo Potrykus，左二），站在美國路易斯安那州世界第一個田間實驗場前。

公開信強調，世界各地的科學社群與政府機構不斷地確認，基改作物食物跟其他傳統育種物食物一樣安全，甚至可能更安全。不論人或動物，從無食用基改食品而造成健康危害的確證案例。基改作物對環境的害處更少，而且對全球的生物多樣性是一大助力；因此，值得綠色和平組織、聯合國、各國政府等支持。

羅伯茲明白表示，此活動是為正義，而非利益，科學需要伸張。黃金米進展慢的主因是，綠色和平組織強力阻撓，因為基改「明星」黃金米，若成功救援了兒童盲眼症，則重挫該組

織的反基改宣傳基礎。

　　記者會上，羅伯茲告訴媒體：「明顯地，綠色和平反科學、所做所爲深具破壞性。該組織與其同夥，蓄意嚇唬民眾，這是他們募款的方式。」羅伯茲贊同綠色和平從事的許多其他環保事宜，但希望該組織因這公開信而認錯，不再反對基改，專做他們擅長的事宜。

　　反基改的環保組織應想想，現代環保開山祖師卡森（Rachel Carson），1962年，在其書《寂靜的春天》（圖2-1-23）提出，取代化學方式控制害蟲的做法是生物方式，集合昆蟲學、病理學、遺傳學、生理學、生物化學、生態學等知識，針對生物屬性而產生的控制方式；基改不就是這位環保先驅理念的實踐嗎？

圖2-1-23　現代環保開山祖師卡森與其書。

(2) 美國國家科學院聲明

　　在公布公開信的網站上，也提出2016年5月17日，美國國家科學、工程、醫學院發布報告《基因改造作物：經驗與未來》（圖2-1-24）指出，基改作物與傳統作物相比，對人體沒有更大風險，也沒有證據顯示基因改造作物，造成額外的環境問題。又說，自從1987年提出報告以來，就一直提醒，是要注意作物的特性，而非其產生的過程。

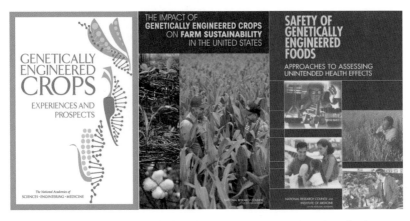

圖2-1-24　美國國家科學院多年來報告認同基改的安全與環保效益。

　　在環境方面，抗蟲的和抗除草劑的基改作物沒有減少作物多樣性、昆蟲的壽命，在某些情況下，抗蟲的基改作物還增加了昆蟲多樣性。

　　另外，公開信網站也解釋基改作物與食物的安全性，例如，均為有史以來最受嚴格檢驗的，全球已有超過270個科學

組織支持其安全性。即使歐盟執委會也說：「超過25年、500個獨立研究組、130個研究計畫的主要結論是，基改等生技生物，並不比傳統植物育種生物更具風險。」歐洲的研究顯示，基改作物減少農藥37%、增加產量22%、增加農民收入68%。2015年，全球種植生技作物的1800萬個農夫，1600萬個是發展中國家的小農（圖2-1-25）。

圖2-1-25　國人以為歐盟反基改，但其科學家支持基改，例如，歐洲科學院科學指導委員會2013年《種植未來：使用作物基因改良科技的機會與挑戰》、英國皇家學會2009年《收割福祉》。

(3) 國外反基改者的回應

　　6月30日當天，綠色和平發布聲明〈諾貝爾獎得主簽署信件談綠色和平組織對「黃金」米的立場〉，說「一些」諾貝爾獎得主最近簽署信件，要求綠色和平檢討其對黃金米的立場；

其東南亞代表回應：「指控任何人阻擋基改『黃金』米，均為不實。」然後說，即使二十多年來的研究，黃金米仍無濟於事；商界大肆宣傳它，以便行銷其他更有賺頭的基改作物。

綠色和平美國分部代表克雷（Charlie Cray），被「美國之音」問是否反對基改時，居然說：「我們正在審查各項證據，確認我們在基改問題上的立場。」其實，綠色和平反基改有名（圖2-1-26），其網站即宣稱，基改生物不自然、傷害人與環境等。又如，2015年，該組織公布文章〈錯誤20年：為何基改作物無法達成其願望〉，批評基改無成就，該禁止。

圖2-1-26　綠色和平組織的抗議活動。支持在菲律賓的破壞基改實驗田。

2016年7月7日，英國諾丁罕大學社會學與社會政策研究員哈特莉（Sarah Hartley），為文〈為何科學家沒瞭解反基改，掐住辯論和阻擋進步〉，支持綠色和平論調；她批評，諾貝爾獎得主不瞭解近20年來的反基改，若只限於討論人與環境的風險，就會侷限誰參與辯論，又給科學家特權。

(4) 國內反基改者的科技與明辨水準實在低落

國內反基改的資訊重鎮是「GMO面面觀網站」，由台大K教授在2003年成立，一直宣揚反基改。該網站批評諾貝爾獎得主：「他們不但在黃金米事件上被蒙蔽，公開信中還籲各國政府開放基改作物的種植，這簡直比宗教家更不瞭解人間社會。」該教授為國內反基改龍頭，諸如立委與環團等門徒，均以為台大教授光環可信，其實他誤解實情。例如，多次引述印度反基改者說辭，印度棉農因基改而自殺；其實，印度引入基改棉花前後，他們的自殺情況一直差不多。2014年9月，他說基改食品是食安的「未爆彈」，可知他是外行。

2015年2月，兩國人發起「校園午餐搞非基行動」，要脅全國政治候選人表態，簽署「若當選要將基改趕出校園」的同意書。其一人立即翻譯國外反諾貝爾獎得主公開信說辭，包括上述哈特莉文章。另一人曾為文，引述法國人認為基改玉米傷鼠的研究。2015年10月，兩人出書宣稱：基改違反自然定律；基改作物特性是抗了蟲害而害了健康；基改致病證據多。

2016年10月，美國麻省理工學院電腦科學家施畾芙（Stephanie Seneff，圖2-1-27）來臺，宣稱嘉磷塞[1]（農藥年年

---

[1] 其實，嘉磷塞的毒性為「相對低」。測試物品急性毒性的國際通行標準是「半數致死量」，嘉磷塞的「半數致死量」為5600，咖啡因的「半數致死量」為192，因此，咖啡因比嘉磷塞毒29倍。

春主成分）導致從肥胖到帕金森症等美國人大部分的疾病；此即可知其宣稱的荒謬，但我國反基改者崇拜、信服。K教授為首的國內反基改者，科技與明辨思維水準實在低落。

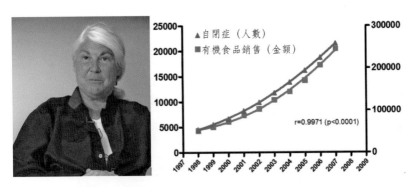

圖2-1-27　美國電腦科學家施聶芙宣稱諸如自閉症等許多疾病源自農藥嘉磷塞，因為相關（correlation）；依其邏輯，則自閉症源自有機食品。其實，相關並非因果關係。

(5) 孩子何辜？

　　不幸地，我國反基改者一再傷害社會，例如，2015年12月，因為反基改者強勢要求，立法院修改「學校衛生法」，明訂學校供應膳食者，禁止使用基改食材。中小學師生不解基因科技，受此法影響，會因而擔心基改；生技產業受汙衊而消沉，導致生技科系學子找不到工作。

　　市面上有許多進口基改產品，但是國內長期研發的先進基

改作物，例如大量降低農民生產成本及消費者遭受農藥殘留的抗病毒木瓜，及添加於飼料可減少有機磷汙染環境的植酸酵素米，被農委會阻擋10多年無法上市。……民粹立法將基改食品趕出所有校園，不但增加營養午餐與自助餐的成本，也讓未來的主人翁自小即誤解基改食品。

　　　　　　　　　　　　　　——余淑美院士（圖2-1-28），2016年

圖2-1-28　余淑美攝於站在國際稻米研究所，背後水稻為移自臺灣的低
　　　　　腳烏尖品種，為第一次綠色革命超級水稻（IR8）母本。

　　若基改食品有害，為何學生1週7天21餐，只要5餐無害？老弱病患等呢？交大科技法律教授倪貴榮指出，在校園外仍可食用基改食品，即該法排除了《食管法》的適用，其法理基礎為何？而學生受到特別保護的科學實證及需要為何？如果我們認為基改仍存在風險的疑慮，何以讓校園外的民眾暴露在此風險中，而不一體適用？基改食品既經合法銷售，即應享有與其他非基改食品公平競爭的待遇，但該法卻排除校園販售基改，

違反自由貿易的不歧視（2016年美國已抗議）。

　　現在，該禁令將造成營養午餐漲價（目前26萬弱勢生由教育部補助，每年增2.6億元），或減少蔬果量。但如2012年，美國小兒科學會聲明，多吃各式蔬果有益於健康，減少蔬果只是傷害國民健康。基改無害，反而傳統食品可能更具毒性風險，為何害怕基改者堅持修法，而害己害人？

(6) 無力分辨、以訛傳訛

　　2014年11月13日，主婦聯盟環保基金會C小姐，為文〈科學盲陷食安高風險不自知〉，將基改食品與餿水油等相提並論，說(1)諾貝爾生醫獎得主沃爾德（George Wald）警告，基因工程技術有可能會繁衍出新的動植物疾病、癌症來源以及新的傳染病。(2)英國基因監督（Genewatch）執行長梅耶（Sue Mayer）指出，基改過程中插進多少基因或放哪些位置，無法完全控制。(3)美國小兒氣喘過敏已增加達五分之一，懷疑與攝食基改食品有高度正相關。(4)需證明基改食品完全無害。

　　但沃爾德的專長在視網膜色素；1976年，在美國麻州市政廳聽證會中，他反對基因重組（基改）實驗，但贊同的有3位分子生物學家：哈佛大學梅瑟生（Matthew Meselson）、紐約紀念斯隆凱特琳癌症中心普塔什尼（Mark Ptashne）、麻省理工巴爾的摩（David Baltimore，1975年諾貝爾生醫獎得主，圖2-1-29）沃爾德專長不在分子生物學，他的觀點（「證據權

圖2-1-29　由左至右分別為麻省理工巴爾的摩、哈佛梅瑟生、紐約紀念斯隆凱特琳癌症中心普塔什尼、哈佛沃爾德。

重」）會比分子生物學的更可信嗎？其次，1983年6月15日，著名《新科學家》雜誌報導，沃爾德說，科學家想要用基因剪接技術「馴化」人類；這是他相當極端的遐想。第三，1976年還是基改技術的搖籃期，沃爾德擔心基改導致疾病等臆測，有其想像道理，但這也是基改界努力的目標，18年後，首度商業化的作物，歷經嚴格毒理等安全試驗，才准上市。2016年6月，百餘位諾貝爾獎得主聯名支援基改。

　　至於梅耶，她曾任職英國綠色和平組織，反基改有名。她與另2人的評論發表於1999年的《自然》期刊，主張「實質等同就認可基改的安全並不夠，還要加上毒理實驗」。但這就是現行基改檢驗規範，包括確保基改插進位置等；她與沃爾德的見解一樣落伍。若基改導致美國小兒氣喘過敏增加五分之一，國家衛生研究院不指責基改嗎？監管的食藥局、農業部、環保

署，不嚴禁基改嗎？美國國家科學院會多年來支持基改安全嗎？

反對者擔心基改生物「不見得每次都會產生基因學家預期的效果」。但不夠精確的地方正是後續檢驗的重點，也是國家食品安全監理單位的明確要求。至於「證明基改食品完全無害」？她呼吸的空氣與喝的水完全無害？住屋完全無害？其次，科學不可能「證明完全無害」，提要求者自暴其不解科學本質，因為在科學上，不可能證明虛無假設（null hypothesis）。要求完全無害只是無知者的藉口。

(7) 公聽會透露的社會現象

2016年10月28日，立法院舉辦「基改食品面面觀」公聽會，台大K教授發表反基改主張，但全有問題：

(1)重述2011年他文〈基改科技的風險與謊言〉，論調「基改食品會吃死人不是沒有前例」，說1989年美國爆發嗜酸細胞過多症，37人死亡，宣稱病源是日本昭和電工公司基改菌。但實情呢？事件後12年的2001年，美國食藥局澄清，許多人食用昭和電工公司的產品，並沒罹患嗜酸細胞過多症；其次，此症個案在1989年大疫情之前與後（禁用昭和電工產品），仍然出現；第三，此症也出現在製程不同的產品。因此，不能怪罪基改菌。但他卻用此例論斷基改致人於死。

(2)基改有致病風險，名例是杜邦公司基改大豆引起過

敏。實情呢？西非人的飲食經常缺乏甲硫胺酸，而巴西核桃（圖2-1-30）富含甲硫胺酸，但杜邦科學家發現，該蛋白質會導致過敏，因此取消該計畫。但反基改者的說辭，卻為基改肇禍的危險證明；而非基改研發測試嚴謹，可在實施前即揪出潛在的缺點。總之，此扭曲科學善意的故事，一再受反基改者傳播、洗腦民眾，居然讓許多民眾擔心基改導致過敏。

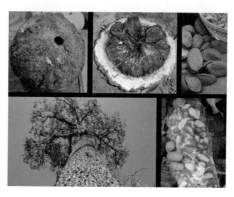

圖2-1-30　巴西核桃。

(3)贊同法國賽拉利尼（Gilles-Eric Séralini）的基改玉米讓老鼠致癌研究。但該研究已被一些深具公信力與公權力的組織反駁，尤其是，6個法國國家科學院（農業、醫學、藥學、科學、技術、獸醫）發表聯合聲明，譴責該研究和出版期刊；可說賽拉利尼錯誤，已成「定案」（圖2-1-31）。

(4)認為美國國家科學工程醫學三院2016年的報告，沒納

入「嘉磷塞可讓人罹患非何杰金氏淋巴瘤」的研究。但該三院，曾舉辦多次公聽會，廣納各界意見（包括賽拉利尼）。三院自有專業評審原則，不可能「不合格的也要納入」。其次，若嘉磷塞會導致非何杰金氏淋巴瘤，則使用四十年來，早已鐵證如山、死傷累累，美國環保署、農業部、食藥局、國家衛生研究院、國會、國家科學院等，怎可能無所獲悉或坐視不管？

圖2-1-31　2012年，法國人賽拉利尼宣稱，抗除草劑玉米導致老鼠腫瘤，六個法國國家科學院（農業、醫學、藥學、科學、技術、獸醫）聯合反駁。

　　(5)引述某歐洲團體主張「基改是否安全，學術界尚未有共識」。但全球已有超過270個科學組織，包括世界衛生組織、聯合國糧農組織、美國國家科學院、英國皇家學會、法國國家科學院、歐洲食品安全署等，均同意已批核上市基改食物安全。為何反對者只信「邊緣」資訊，而說無共識？異議總是存在，例如，美國國家科學院在其1996年報告中提到：「即使到現在仍有懷疑者宣稱，抽菸與肺癌的因果關係還沒得到證

明。」又如，美國現在還有個堅持「地球是平的」組織呢。

後續發言的民團與官署代表均質疑基改；怪哉，為何全國醫師公會與衛服部不認同世界衛生組織的支持基改？為何科技部與教育部不認同英國皇家學會等世界優質科學院的支持基改？為何農委會不認同聯合國糧農組織的支持基改？

5. 已成功地操縱公眾用語

2013年，美國羅格斯（Rutgers）大學人類生態學教授霍爾門（William Hallman）已經發現，55%民眾自認不懂基改，約一半民眾承認，他們對基改的意見來自「想當然爾」。

民眾已經對基改存著負面印象，上網google查「基改」（或GMO），就可看到負面的項目遠多於正面的。現有談基改的電影和書，大部分是負面的。因此，你想瞭解基改而搜尋資訊時，迎面而來，盡是抹黑洪流。

反基改者善於組織，深諳募款之道，建立環保愛民形象。反基改者施壓餐廳，供應非基改食品。同理，對於百貨店、便利店等，只要販售基改食品，就要施壓。然後，反基改者吶喊：「你看，沒人願意賣，全民厭惡基改。」

1999年，一位有機廣告執行者，寄信給綠色和平與記者：「千萬不要用『生技、食品科學家、科技公司』等中性科學的名詞，而要用高度負面的『基因汙染、試管食物、變種食物』等。讓媒體採用我們的用語，看看『終結者』種子用語多麼成

功！又恭賀『科學怪食』用語的大滿貫。市場研究顯示，只要一提到基改，消費者即產生負面反應。」活躍份子已經成功地定義與操縱公眾用語，此趨勢也影響民眾對風險的認知。

(1) 民調反映了什麼「心態」？

　　2000年，美國和歐盟舉行民調，探尋民眾對生物技術的觀點，問卷題目同時也探問回答者的生技知識。例如，問題之一是「一般番茄不含基因，基因改造番茄才含基因」，結果約半數的歐盟民眾回答錯誤（美國民眾則為65%）。

　　2002年8月，我國衛生署民調出爐：36%回答「非基因改造黃豆沒有基因，而基因改造黃豆則有基因」為錯；53%拒答，為何這麼多國人拒答？怕洩漏自己「無知」嗎？

　　民眾是否瞭解基因科技？其觀點可當基因科技政策的依據嗎？試想，街頭示威者嘶聲力竭地高喊反對基改番茄（其實可能不懂基因是什麼），政府能當真地因而立法反對基改番茄嗎？其實，「知道普通番茄有基因」和「瞭解基改作物的安全性」之間的知識還相差很多。

　　對於科技議題，民調可靠嗎？媒體可信嗎？

(2) 媒體的資訊來源

　　2012年4月16日，公視新聞網報導，基改作物違反大自然法則，導致周邊動植物死亡，更破壞生態和人類免疫系統，將是一場浩劫。因為公視取材，明顯來自國內反基改者，例

如，引述美國反基改的史密斯（Jeffrey Smith）著作《欺騙的種子：揭發政府不想面對、企業不讓你知道的基因改造滅種黑幕》。但實際上，他是個大外行，缺乏生技素養，例如，他說基改「蘇力菌玉米」，會讓人吸入蘇力菌玉米花粉時，身體出現不適，完全錯誤，因蘇力菌不傷人。

又推介諾貝爾生醫獎得主沃爾德的警告、英國基因監督梅耶的說辭；但該兩人誤解基改，如上述。

以公視這麼「公道」的媒體，傳播這些錯誤資訊，實在重傷社會；為何只拿反基改者的資料，不會諮詢中研院分子生物所等的專業科學家？

6.「站在木瓜的立場想想」

對於反基改者，中興大學教授葉錫東比喻輪點病毒是木瓜的愛滋病：「要站在木瓜的立場想一想。」他感性地說，愛滋病人如果知道有可治愛滋的新藥，一定會想盡辦法嘗試，人有求生的權力，木瓜也一樣，如果有可防制木瓜生病的方法，為什麼不讓木瓜使用呢？（圖2-1-32）

1970年代，我國為解決木瓜輪點病的問題，開始在公費留考增加植物病蟲害防治項目。結果，植物病理學者葉錫東考取，於1979年到美國康乃爾大學，成為美國基改權威岡少夫（Dennis Gonsalves）的門生。到1996年，葉錫東已研發出可同時對抗「輪點病毒、畸葉嵌紋病毒」的基改「新台農二號木

圖2-1-32　木瓜遭受輪點病毒攻擊。分子生物學家葉錫東與其救援的基改木瓜。

瓜」，不需網室阻絕攜帶病原的昆蟲，因而，比較經濟、接受更多陽光而長得更好。但臺灣尚不准種植基改木瓜。

臺灣有許多的木瓜罹患輪點病毒病，但該國民眾一直照吃（該病毒）。

—— 岡少夫，美國分子生物學家

(1)「抗藥性」問題

反基改者抱怨，基改導致「抗藥性」問題，但害蟲抵抗力的增強，實為奮力求生的結果，因天擇演化是自然界的現實。害蟲在面對根除它們的企圖時，抵抗力也跟著增加，著名例子是使用DDT後，害蟲演化出抵抗力。農夫使用殺蟲劑時，天擇就會篩選出抵抗力強的物種（演化是個聰明能幹的對手），

結果是整個過程又翻新重來。

天擇其實是「軍備競賽」，例如，植物要存活需能分泌毒物，例如，呋喃香豆素，受陽光照射時才具毒性，有些毛毛蟲在侵略植物時，會先將植物捲起來，陽光就照不到。

在非洲，瘧蚊肆虐，即連使用蚊帳也引起「抗蚊帳」瘧蚊，不在夜晚而在傍晚咬人的新品種冒出頭；另外，清晨咬人的品種也勝出。演化導致更適應環境變化（夜晚沒啥人可咬時）者出頭天。

——《新科學家》〈瘧蚊適應蚊帳〉

美國國家科學院院士費多樂說：「植物和昆蟲之間一直進行化學戰以求存活，就像乳草產生毒素以防昆蟲啃食，或像大樺斑蝶演化出規避乳草毒素的能力。」

7. 人蚊之戰，節節敗退

蚊子是登革熱、瘧疾、黃熱病、絲蟲病、日本腦炎、聖路易腦炎、多發性關節炎、裂谷熱、契昆根亞熱、西尼羅河熱等病原體的中間寄主。蚊子為世界上最危險的動物之一。

2016年5月，美國《麻省理工學院技術評論》報導，根據世界衛生組織，全球登革熱個案，1960代很少，1970年代約10萬、1980年代約30萬、1990年代約50萬、2000年代約95萬、2015年約220萬。至於瘧疾約2億3千萬。

　　瘧疾是蚊媒病，由寄生瘧原蟲引起，透過受感染的雌性瘧蚊叮咬傳播。自然界存在瘧原蟲，也自然存在其對手，金雞納樹生長在南美的祕魯與玻利維亞的高原地帶，1820年，法國化學家由樹皮分離出奎寧。到19世紀，金雞納樹皮（圖2-1-33）變得很少，已無法供應足夠的樹皮製造奎寧。1944年，兩位美國化學家化學合成出奎寧。但好景不常，瘧原蟲基因突變，產生對奎寧的抗性。瘧原蟲也有另一自然對手青蒿素。1972年間，中國屠呦呦團隊，從黃花蒿（圖2-1-34）中發現有效成分青蒿素，她因此榮獲2015年諾貝爾生醫獎。目前對青蒿素類藥物的抗藥性，已從東南亞擴散至非洲地區。

圖2-1-33　金雞納樹。

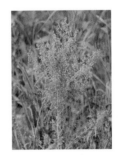

圖2-1-34　黃花蒿。

(1) 用語影響民眾認知

　　光復前，臺灣曾發生三次登革熱大流行，然後沉寂40年，可能是因噴灑DDT防治瘧疾以及出國人數不普遍。1988年，

臺灣登革熱4,389病例，2002年5,388例（死亡數21）。以後大約一年一千病例。2015年5月到11月中，本土登革熱病例破3.7萬，累計174人死亡。全世界每年約有五千萬到一億個案的登革熱，死亡人數約兩萬五千。

英國生技公司牛津科技（Oxitec，2002年牛津大學研發衍生）公司，歷經10年研發出來的基改雄蚊，帶著致命基因（有特殊食物可解套），在野外和雌蚊雜交後，後代會死亡。此技術曾在巴西某地實驗，使得傳染登革熱的蚊子在一年內減少85%。但在同受登革熱之苦的美國佛羅里達州某鎮，卻遭到抗爭，因擔心人被基改蚊子咬到會導致意外後果，也擔心諸如蝙蝠等吃蚊子的物種會餓到。基改雄蚊不咬人，咬人的是沒經過基改的雌蚊，基改雄蚊的DNA無毒性、不致敏。佛羅里達州該鎮並無只吃該種蚊子的物種。該埃及斑蚊為外來入侵種。根據牛津昆蟲技術公司，在開曼群島和巴西的測試顯示，蚊子數量減少超過90%（圖2-1-35）。

2012年，美國北卡羅來納大學受託民調顯示，宣傳用語會影響民眾接納的意願。例如，使用「不孕」蚊子，民眾支持度為42%，但使用「基改」蚊子時，民眾支持度只剩下24%。為何較「先進」的美國社會不能宏觀的比較「使用與不用此新科技的優缺點」？例如，社會整體付出的代價若干？民眾的傷亡有多少？噴灑殺蟲劑對環境的影響有多嚴重？

(2) 對基改的瞭解來自電影

類似英國女作家雪萊，1818年小說《科學怪人》的含意（意圖改變生物），美國小說家克萊頓（Michael Crichton）於1990年發表《侏羅紀公園》，描述以遠古DNA複製出來的恐龍，科學家創造出怪物大鬧世界的驚悚情節；續集中有透過基改強化過的超級恐龍失控發狂。1993年，史匹柏執導科幻電影《侏羅紀公園》，橫掃全球。這些文藝作品傳播力道強，播下恐慌基改種子（圖2-1-36）。

圖2-1-35　英國牛津科技公司釋出基改蚊子。

圖2-1-36　《侏羅紀公園》描述以遠古DNA複製出來的恐龍大鬧世界。

為控制害蟲，美國蚊子控制協會科技顧問刊倫（Joe Conlon）指出，1950年代，佛羅里達州遭受螺旋蠅之害，科學家使用輻射絕育法，釋放雄蠅，效果甚佳。輻射技術則對脆弱的蚊子不大管用，倒是基改有效，足以取代化學藥劑。

　　美國民眾因缺乏瞭解而反對基改，他們對基改的認知，來自觀賞《侏羅紀公園》電影，當他們遇到不瞭解的事情，就立刻害怕起來。

—— 刊倫，美國蚊子控制協會科技顧問2015年

　　2016年2月，巴西茲卡病毒（圖2-1-37）肆虐，媒體傳播懷疑論「3年前英國牛津科技公司，野放基改蚊惹禍」。其實，該病毒最早在1947年，於烏干達茲卡獼猴（圖2-1-38）分離出來，因而得名。

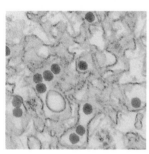

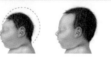

圖2-1-37　茲卡病毒（紫色顆粒）直徑為40奈米。埃及伊蚊為傳播茲卡病毒的媒介。導致小頭畸形與正常比例圖。　　圖2-1-38　獼猴。

　　2002年，英國反基改組織「基因觀察」即質疑弊大於利。但基改蚊比起其他方式，對環境造成的影響較小。巴西衛生當局也為該公司辯護，已幫助當地居民避免感染茲卡病毒等不同

病毒。2016年3月，美國食藥局批核，牛津科技公司在佛羅里達州從事基改蚊子試驗。

2015年11月24日，美國《國家科學院刊》刊登，加大爾灣分校傑姆斯（Anthony James）團隊，孵育出抗瘧疾的蚊子，經由「基因偏向」（gene-drive），可將這種抗瘧疾基因遺傳給下一代的機率提高到99.5%（通常基因遺傳給下一代的機率約為50%）。他們稱此為「永續科技」，因與其一一追殺蚊子，不如改變它們，而無法感染人類。

(3) 擔心物種的滅絕？

擔心滅蚊引起生態危機者，除了比較滅蚊的福祉與風險外，也要知道歷史上，自然的與人為的生物消失事件。

35億年前地球上誕生生命，5億年前的寒武紀大爆發後，發生過5次生物大滅絕，每次大的滅絕事件，造成近九成的物種滅絕。最後一次是6千多萬年前的白堊紀第三紀滅絕事件。

20世紀，全球每年約約有五千萬名天花患者（圖2-1-39）、兩百萬人因天花而死亡。1966年，美國醫學家唐韓德森（Donald Henderson，曾任我國科技顧問，圖2-1-40），領導世界衛生組織撲滅天花，而於1980年達成任務，是人類努力而首個絕跡的人類傳染病。

全球三萬五千種蚊子中，約三十種傳播瘧疾。人與蚊子生存競爭，從演化觀點，這是「適者生存」問題，而非有權無權

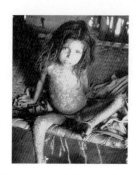

圖2-1-39　天花病毒患者。

圖2-1-40　領導全球撲滅天花病毒，韓德森榮獲美國總統自由獎章。

生存的人類倫理詮釋，史來物種就是這樣演化。當然，倫理學家可爭論蚊子的生存權，不過，在爭論的同時，全球數以萬計的人正因蚊子而死亡。

8. 權衡利弊得失

　　基改是中性的科技工具，就如刀子、車子；可善用，也可誤用。善用則促進民生福祉、幫助環保，世界衛生組織等深具公信力單位，因此支持基改。各國制定法規，防範誤用與「不慎之害」。

　　反基改者對基改，不解或一知半解，自己遐想而恐慌也要別人跟著恐慌。即使世界衛生組織、英國皇家學會、美國國家科學院等，全球許多深具公信力的單位支持基改，但反對者依然不領情，抱殘守缺地引述邊緣科學家的錯誤結論，而聳動地

阻擋基改、強迫社會拋棄基改。居然，臺灣就是被他們操控，例如，校園午餐禁止基改食品、不能種植基改作物。

基改志在幫助醫藥、能源、環保、農業等，我國反基改者憑什麼科學證據，阻撓基改作物與食品？但我國進口許多基改食物而虛擲外匯。基改的更大風險，在於外行者製造社會恐慌，接著是更貴的糧食、更遭農藥傷害等。

有些人會去購買「有機」食品，因他們認為這樣暴露於化學物的風險比較低而健康。但事實上，有機食物並不會改變他們暴露於化學物的程度，因包括致癌物等絕大多數化學物（99%以上），都是天然產生的。他們選擇有機食品，反而可能讓自己暴露於更多的有毒化學物中，因有機食品中的微生物會產生有毒化學物。

—— 亭布瑞（John Timbrell），英國生化毒物教授

二、核電科技的福祉與風險

美國歷史學家摩里斯（Ian Morris，圖2-2-1），在《為何目前西方主宰》書中，比較社會的發展，其第一項指標，就是能量的取用，例如，1840年，英國已知開發應用石化能源，發展出蒸汽機等動機力取代人力，能將戰艦送往東方，繼而打敗

中國。就如美國人類學家懷特（Leslie White），主張衡量演化的程度，就是取用能量的功力。

古來，人類應用的能源，從燃燒地上或地下的生質能，到開啟原子核，反映其科技能力，其差異超過「百萬倍」（同為一公克，核子產生的能量約為石化燃料的百萬倍）。

1. 鐘樓怪人的啟示

1831年，法國文學家雨果（Victor Hugo），出書《鐘樓怪人》（圖2-2-2），故事的場景在巴黎聖母院，描述該院醜陋駝背敲鐘人與吉普賽少女的故事。巴黎市民厭惡他的醜陋，害怕他的力量。

圖2-2-1　美國史丹福大學歷史教授摩里斯。

圖2-2-2　《鐘樓怪人》故事描述醜陋駝背敲鐘人與吉普賽少女。

他的大頭布滿紅頭髮；他的肩膀之間是一個巨大的駝背，其腳巨大、雙手可怕。然而，所有的畸形下，實在是可怕的外

觀……「這是敲鐘人卡西莫多（Quasimodo），所有的孕婦要小心！」學生喊道。「噢，那猙獰的猿人！……其邪惡如其醜陋……它是魔鬼。」婦女掩藏她們的臉。

——《鐘樓怪人》

隨著故事情結的開展，敲鐘人卡西莫多顯示對吉普賽少女，自然的溫和與仁慈。但一般人只「以貌取人」，認為他醜陋就是可怕，並沒實際瞭解他，直到最後，他盡力挽救少女的生命。

英國牛津大學物理教授艾里森（Wade Allison，圖2-2-3）指出，上述故事就如描繪公眾對輻射的印象，就像卡西莫多被視為醜陋、有力、危險，因其表象讓人恐懼和排斥。

圖2-2-3　英國物理教授艾里森與我駐英同仁。

我們需要認清，對於科技，「認知」未必等同「現實」；類似地，「事實」可能異於「意見」。

2. 自然界自有核電廠

大自然在20億年前，已經建造出核電廠；相對地，人類在1950年代才發展出。

1972年，法國國家科學院接到報告：法國某工廠從非洲中部的加彭共和國進口鈾-235礦石，其含鈾量比一般礦石含量的0.7%，還少0.3%，顯示此原料已被使用過。科學家尋找濃度變低的原因。最後，在當地找到自然核反應爐。

當前，鈾-235在自然鈾礦的濃度0.7%。一般的核分裂反應爐，使用的鈾燃料是將挖掘的鈾，提純爲濃度3.5%，再以普通水當中子緩和劑，以便維持穩定的核連鎖反應。

放射性元素會自然衰變，濃度一直變低。但在20億年前，鈾-235的濃度就是3.5%。因此，自然界就存在這些濃縮鈾燃料與水，在適宜情況下，類似今天的核反應就可能自然發生。證據顯示，確實曾發生過，就在加彭的「歐克陸」（Oklo），自然發生了持續百萬年，反應熱蒸發了水，缺水（中子緩和劑）後，反應自然停止；等到聚集的自然水補足後，又繼續核反應；週而復始；直到用完適宜濃度的鈾-235。

科學家研究後發現，缺少的鈾-235，是在天然核子反應爐中消耗掉的，而反應後的核分裂產物，例如，殘餘的鈾燃料和核分裂產物，在原地安靜地躺了20億年，並沒到處亂跑。

由於加彭反應爐這麼穩定，在這麼長的時間中運作，並已

保存了二十億年，探究這些獨特的天然反應爐，有助於處理人為核能設施和儲存核廢料。似乎，大自然深諳操作核反應爐之道。

——〈天然核反應爐〉，《科學美國人》，2011年7月

　　歐克陸現存16處古代核反應爐遺址。更宏觀地，太陽提供地球上的光合作用、動植物、煤與油、風力等；太陽能量來自內部核反應（自然核電廠），因此，地球上的生命和動力，可說直接或間接來自核能（圖2-2-4）。

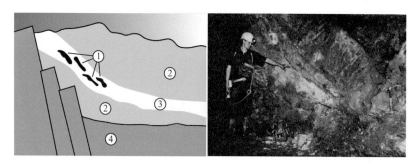

圖2-2-4　非洲加彭歐克陸天然核反應爐：①核反應爐區、②砂岩、③鈾礦層、④花崗岩。

3. 輻射恐慌源自無知

　　1865年，英國「紅旗法」（Red Flag Act）規定機動車輛（汽車和火車等），在城鎮區的速限為「最高每小時3公里」，而且其前方55公尺處，要有人先行拿紅旗警示民眾，因

為這些新科技讓人不安（圖2-2-5）。

圖2-2-5　英國「紅旗法」規定機動車輛前有人拿紅旗警示。

今天有人要求臺灣高鐵的時速3公里嗎？因為我們的科技知識進步很多，也不會遐想災害。但歷史一再重演，例如疫苗，剛開始也是恐慌與抗議。

在輻射的健康效應方面，首例是1895年，倫琴以X光拍照手指（後來痊癒），後來，馬勒（Hermann Muller，1946年諾貝爾生醫獎，圖2-2-6）發現X射線誘導突變。接著，夜光錶塗料工人、放射科醫護人員、車諾比核事故、福島核事故等，促進輻射生物學研究。在核電方面，從1942年，第一個核反應爐（芝加哥1號堆，圖2-2-7），到1954年，蘇聯建成世界首座民用核能電廠，到當前，全球約30個國家450個核反應爐。科學家已經相當瞭解核電科技、輻射的健康效應。

　　1977年諾貝爾生醫獎得主雅蘿（圖2-2-6）表示，一些活躍份子鼓吹輻射恐慌，結果，婦女不敢去作乳房X光檢查，即使它是早期偵測最敏銳的方法，而乳房癌是婦女死於癌症的首犯。另外，紐約某民代提案禁止「所有放射性」過路；則大家都不可過，因人身均有放射性，甚至路也不可以舖，因鋪路材料就有放射性。雅蘿強調，若要科學（而非愚昧）引導人生，實在需要瞭解「無害、可忽略的放射性」的觀念。

圖2-2-6　左：1946年諾貝爾生醫獎馬勒（發現X射線誘導）。
　　　　　右：1977年諾貝爾生醫獎得主雅蘿（開發放射免疫分析法）。

圖2-2-7　1942年人類歷史上第一個核子反應爐「芝加哥1號堆」。1951年首度在美國阿岡國家實驗室核電點燈。

(1) 你我體內放射天然輻射

天然輻射的來源，主要來自宇宙射線、地表輻射、氡氣、食物、人體中含輻射鉀-40和碳-14。由於土壤及岩石都含有少量的天然鈾及釷，衰變過程中的產物氡氣，含有放射性，是天然輻射的主要來源。臺灣平均每人受到的天然背景輻射為每年1.6毫西弗，世界平均值為2.4毫西弗。

食物中含天然放射性核種，最主要的是鉀-40（半衰期為1.28×10^9年），會隨食物進入人體，也會藉由人體的代謝自動調節平衡。自然形成於生物的鉀-40，在人體內約占一半的輻射劑量，亦即每年7,500貝克（每秒1個原子衰變的放射性為1貝克），或0.24毫西弗。至於菸草，含有放射性元素釙-210（半衰期為138天），若一天抽一包香菸，一年對抽菸者造成的劑量可達5.2毫西弗。其他如，止瀉劑暮帝納斯含放射性鉍-209（半衰期1.9×10^{19}年）（圖2-2-8、2-2-9）。

印度喀拉拉邦的岩石含高放射性物質「釷」，居民每年每人接受天然背景輻射5～15毫西弗。但是，印度醫學院、區域癌症中心、日本醫學院等成員組成的團隊，研究該地區17萬居民的癌症發生率，2009年發表報告顯示，並不比其他低劑量地區居民的癌症發生率高。2002年，伊朗核管會的科學家，在《健康物理》（Health Physics）期刊發表研究指出，伊朗拉姆薩（Ramsar，圖2-2-10）地區的民眾，每年受到背景輻射劑量高達260毫西弗，細胞遺傳學研究顯示，這些人與正常背景輻

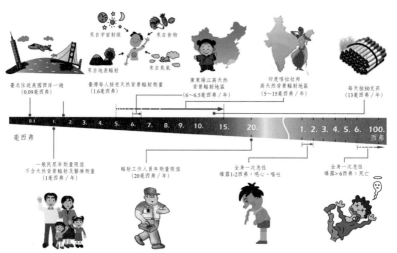

註：1西弗＝1000毫西弗

圖2-2-8　一般輻射劑量比較圖。圖片來源：原能會

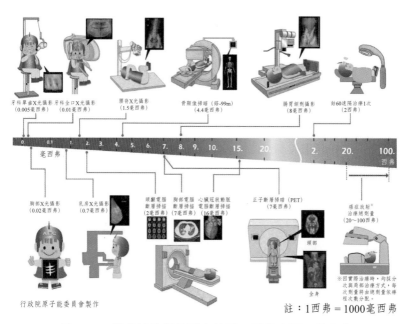

行政院原子能委員會製作

註：1西弗＝1000毫西弗

圖2-2-9　醫療輻射劑量圖比較圖。圖片來源：原能會

圖2-2-10　伊朗拉姆薩地區自然輻射劑量高，如左圖每小時143微西弗。

射民眾無顯著差異。

(2) 輻射1毫西弗約同40杯咖啡

　　除了中子，使用輻射並不會使物質具有放射性。這是輻射與核子安全最重要與讓人放心的事，在考慮使用諸如輻射照射食物或消毒醫院供應品時，我們需瞭解此科學知識，而非擔心輻射照射導致食物或醫院用品產生放射性。

　　放射性有個重要的安全特性，異於化學火與生物媒介物：放射性不會「傳遞」。物體可「著」火而擴散，造成大火災；生物疾病可經由感染而繁衍擴散。但放射性只會被輸送，不會被傳染，其「生命期」只會減少。

　　美國工程院院士與輻射效應專家科恩（Bernard Cohen）指出，在人體的健康效應上，輻射1毫西弗約等同20公克酒精，也約等同40杯咖啡。咖啡因的「半數致死劑量」

（LD50）為每公斤192毫克（老鼠）。1970年代，美國反核最力的活躍份子納德（Ralph Nader），宣稱鈽為「人類所知最毒物質，因1英鎊鈽殺死80億人」，科恩回應「納德吃下多少咖啡因，科恩就吃下多少鈽」，納德才悻然閉嘴（圖2-2-11）。

圖2-2-11　美國工程院院士科恩（左）。美國反核最力的活躍份子納德（右）。

(3) 關鍵在劑量

瑞士醫生與植物學家帕拉賽瑟斯（Paracelsus，圖2-2-12）的名言「萬物均有毒，關鍵在劑量；其多寡即成毒物或療劑之分」，仍為現今毒物學的中心思維。例如，肉毒桿菌在高劑量時致人於死，但在低劑量時為「美容聖品」（除皺紋）。

1796年，英國醫師金納（圖2-2-12）發現，注射溫和劑量的疾源（牛痘），就可防護疾病（天花），此為免疫學重要觀念。類似地，成人體內血液量約5公升，若一次失去這麼多血，就會致命。但若一次損失0.5公升（捐血等原因），則可

在幾週內補足，而無風險。

圖2-2-12　瑞士醫師帕拉賽瑟斯（左）。英國醫師金納以自己兒子實驗牛痘（右）。

2006年，法國國家科學院與醫學學院發表聯合報告：(1)流行病學並無證據顯示，劑量在100毫西弗以下，會讓人額外致癌。(2)實驗動物資料並無證據顯示，劑量在100毫西弗以下存在致癌效應。(3)由輻射生物學研究可知，基因體兩大保護者「修補DNA、以細胞凋亡的方式消除細胞」，在DNA損傷時發揮作用。(4)輻射安全值應可建議為：若是單一劑量則100毫西弗；每個月總量100毫西弗；一生中總曝露量5,000毫西弗。證據顯示，在85歲前，若曾曝露於低劑量輻射中，其癌症死亡率就少15～20%，顯示低劑量輻射劑量似乎是有益的。

部分車諾比事故的工人，遭受4,000毫西弗而死亡。但在核醫放射治療時，以輻射殺死癌細胞，療程包括每日輻射劑量2,000毫西弗，持續4～6週；此時，癌細胞旁的正常細胞，每

次受到1,000毫西弗劑量，但捱過療程。一個月下來，癌細胞受到超過40,000毫西弗劑量，而周遭無辜細胞受到20,000毫西弗。康復原因是，癌細胞受到高劑量而無法康復，但正常細胞受到的劑量不高，而可在次日前修補成功；這種作法稱為分次治療。每年全球數百萬人接受治療而康復，就是分散劑量有效（「小劑量無妨」）的證明。

福島事故又確認效應知識，例如，在參與緊急工作時，有6名工作人員總劑量超過250毫西弗、170位超過100毫西弗，但均無出現傷害。

(4) 不解科技者到處放話，引發恐慌

2014年，監委不滿衛福部管制標準太寬鬆而讓日本輻射食品進口，韓國將放射性元素銫汙染標準縮緊至每公斤100貝克，而我國仍每公斤370貝克。

但國際食品法典委員會是每公斤1000貝克。2011年7月（福島事故後4個月），日本政府受到害怕輻射者的壓力，設限「食物輻射劑量每公斤500貝克」。但即使每天吃此劑量的食物，連吃4個月，結果其輻射風險，仍少於一次電腦斷層掃描的劑量。不解科學的反核者繼續施壓，2012年4月，日本更嚴縮管制為每公斤100貝克。結果導致許多食物浪費與銷毀、物價上揚、外地居民歧視等社會災難。

2012年，旅日L作家為文投書媒體，稱上述食品為「核廢

食品」，臺灣人的胃成爲日本核廢食品的垃圾場。2013年，主婦聯盟環保基金會H祕書長，投書媒體說，無論劑量高低均應立即銷毀。但她們知道所有的自然蔬果等動植物、每人體內均存在自然輻射嗎？照她說法，就要銷毀所有的食物嗎？隔月，她又爲文說，日本不賣超過每公斤20貝克的輻射汙染食品，而已轉進臺灣人的肚子。她知道每根香蕉（約0.2公斤重，含天然放射物質鉀-40）所含輻射劑量約15貝克嗎？（圖2-2-13）

　　福島事故後，許多人擔心吸入銫-137，但即使車諾比事故後，也無它導致死亡的案例。任何事故導致體內輻射劑量千倍於福島所測量到的，才可能具有令人信服的風險，亦即，超過幾百萬貝克。此種事故曾發生於巴西中部最大城戈亞尼亞（Goiânia，圖2-2-14）：1987年，有醫療用銫-137源，劑量強度爲20兆貝克，被偷走而容器被打開，輻射外洩。它發出誘人

圖2-2-13　「香蕉等效劑量」：1根香蕉劑量15.5貝克。

圖2-2-14　1987年，巴西戈亞尼亞受到銫-137源輻射汙染地區之一。

的藍光，孩子拿來塗抹身上，家裡到處塗抹，又邀鄰居來觀賞。最後，249人受汙染，其中4人死於急性輻射症候群，包括一位體內劑量十億貝克的女孩。另有28人嚴重灼傷需要手術。一位婦人當時懷孕，受到劑量20萬貝克，後來生小孩；另一婦人受到劑量3億貝克，而在3年8個月後生小孩；此2小孩均正常。25年後（2012年），與此汙染相關的癌症數目爲0。

2014年10月，L立委說，進口日本茶含輻射，但因沒超過國家標準，獲准在臺販售，政府簡直「置國人健康於不顧。」她要求政府，日本進口食品只要檢出輻射汙染，無論超標與否，一律退貨，她怒言：「原諒我無法當立法院內高雅的立法委員，因爲這種垃圾政府經常逼得我抓狂！」依她邏輯，臺灣茶就不能出口到外國，因可檢出輻射（雖很低劑量，諸如凍頂烏龍等高山茶會高一些）。

2013年某週刊聳動地報導〈恐怖！輻射魚早上了你家餐桌〉，宣稱日本不要的輻射魚進了你肚內；食藥署只得在官網澄清「福島事故以來，所有日本進口食品均合格」，但讀者會去官網求證嗎？大概只會恐慌相傳，因隔幾天，某報社論〈對日本農水產輻射防線寧過勿不及〉，引述該週刊文引述諸多環保與反核者，宣稱「符合標準不代表安全」。這就類似上述「無論劑量高低均應立即銷毀」的恐慌心態，而且「符合標準不代表安全」，實在藐視公權力、全球科學研究結果。該報社員工需質疑其辦公室「符合標準不代表安全」、其室內空氣

「符合標準不代表安全」嗎？

4. 核電廠是可控制的

美國海軍核動力之父李高佛（Hyman Rickover，圖2-2-15），受邀在國會作證，為何三哩島核電廠發生事故，但海軍核子設施從無事故？1950年代，他告訴海軍夥伴：「我有個兒子，我愛他，我要操作的機器均安全，而樂見他操作，這是我的基本規則。」相對地，冷戰時期，蘇聯出現14次已知的海軍核子事故。核能是可控制的，只要慎重，就可不出事。

核電安全是可以控制的，核廢料是可以處理的。

—— 朱棣文，美國前能源部長（圖2-2-16）

圖2-2-15　美國海軍核動力之父李高佛，在世界上第一艘核子動力潛艇鸚鵡螺號上。

圖2-2-16　美國前能源部長朱棣文（1997年諾貝爾物理獎得主）。

　　朱前能源部長支持核電的說法，代表美國政府和美國主流民意對核電的認知，因此1979年三哩島二號機核災事故後，美國仍繼續使用核電，甚至，三哩島一號機一直運轉，又在2014年，績優而延役到2034年。

　　美式核電廠是可控制的，全球啟用六十年來，無一人因其輻射而死亡，即是證明。其他工業或能源業的紀錄呢？

　　2016年6月，核四退休王廠長在臉書對蔡總統發言：「建議您指定一些可以信任且客觀的專業人才去瞭解：核能發電真的是那麼恐怖嗎？」他希望總統不要擁抱反核神主牌。

(1) 工程安全事宜

　　核電廠的風險來自「核分裂反應的控制、熱移除、放射性物質外釋」等，其安全系統採用多重性、多樣性、隔離等原則，並採取深度防禦的理念，將事故發生機率和後果減到最低。國際上發生3次嚴重事故，各國均記取教訓、改進，不只適用新電廠，也回溯舊電廠。

　　我國核能廠安全嗎？臺灣地震颱風頻繁，人口密度高，這些影響事故風險的外部因素和特定場址條件，均已納入設計考量。啟用以來，國內核電廠的安全績效在國際評比均名列前茅，例如，依「國際原子能總署」（IAEA）的「機組效能因數」指標，臺灣的核電機組2012至2014年間在全球31個核電國家中排名第5；在福島核災之前10年，臺灣指標也都優於日本

甚多。我國自1978年使用核電以來，記錄良好。別的能源或業界有如此良好的安全記錄嗎？

因應福島核事故，國外來臺的協助，除了世界核能發電協會、歐盟規範壓力測試等，還包括全球傑出華人蔡維綱（曾任美國最大核電公司Exelon Nuclear核安部門經理）、呂鴻薇（美國電力研究院科技創新副總，領導福島事故評估計畫）。即使非常不可能地，所有防護均失效時，核電廠就採取「斷然處置」，亦即灌海水「棄廠」。這是台電研發的成果，受到全球稱讚，例如，2016年4月，「全球壓水式核電廠聯盟」（PWROG）為台電的斷然處置背書；2016年5月，《國際核子工程》期刊也肯定。

即使是科學家，也需具備相當的核電蓋廠與營運後，才有資格評斷電廠的安全，一般人不要隨便置喙，也不要憑感覺，指指點點電廠安全與否。

反核者曾為臺灣貢獻了什麼電力？他們蓋過水壩、立過風機、拉過電線嗎？群眾反風機、反煤電、反建水電、反高壓電線時，他們躲在哪裡？

國人批評核一、二、三廠「老舊」，核四廠「拼裝」，反正都不合其口味。我國核電建設與管制均同美國，為何美國人不但不嫌老舊，還已將99座核能機組的81座延役20年（直到2016年中的統計）？另外，「拼裝」只是外行的毀謗話，其實是「專業分工」（圖2-2-17）。

圖2-2-17　興建中的核四（左）。反核遊行，用愛怎麼發電？（右）

5. 無知而歧視同胞

　　福島事故後，出現跟輻射一樣看不到的，對核災區的隱性排斥。福島核電廠南方25公里的廣野町，已百分之百除汙，但專業者不願去，例如，醫院找不到牙醫駐診。核災前，廣野町生產的稻米深受歡迎，但災後銷量慘跌，即使首相帶頭品嚐福島農產品，以示安全無慮。京都在2013年舉辦一場宗教活動，原本要用福島木材焚燒祭祖，但在民意壓力之下，悄悄改用其他地方木材。輻射汙染的陰影，讓民眾要拿福島產品送人時，擔心會不會受到另眼相看。福島居民被「放逐」，因社會擔心他們被輻射照射，而會傳染別人。

　　2016年3月，福島農業推進部部長佐藤一雄感嘆，安心與安全實如天地之差，雖然三年來蔬菜水果無輻射顧慮，但日本國內民調，仍有17%的人覺得福島農產品不安全。

　　2014年8月，日本交流協會請求與我國主婦聯盟基金會商談，陳述其食品在輻射安全法規內，日本自己攝食，新加坡也

進口，「希望友善的臺灣可以接受」。但是主婦聯盟基金會回
說「絕不」，沒幾分鐘就下逐客令。該聯盟自認為食安「最堅
實的守護者」。但該會守護了什麼？自己無理性的固執、堵死
自力更生的日本（福島）農民（圖2-2-18）。

圖2-2-18　日本首相安倍晉三訪視福島活動，包括品嚐農產品。
圖片來源：Office of the Prime Minister of Japan.

(1) 瞎掰導致美軍恐慌

　　2013年12月，國際媒體報導「救援福島核災，美航母服役
人員受核汙染」，說美國航空母艦「雷根號」（圖2-2-19）與
其姊妹艦反潛航母「埃塞克斯號」（Essex），到福島核電廠
附近海域救援，被告知不會受到輻射汙染，沒想到結果竟是東
京電力公司蓄意隱瞞，因輻射外洩早已相當嚴重，大量汙染物
流入大海，但艦上軍人全不知情，還喝艦上的水或拿來煮食和
洗澡。後來陸續有51位軍人罹患癌症，於是，聯合採取集體訴
訟，告東京電力公司當時隱瞞真相，害了他們。

　　但實情是，2012年8月，美國軍人告狀，結果已在11月26日，被美國聖地牙哥法官駁回訴訟。另外，軍人亦非罹患癌症（短短一年多的極低劑量，不可能產出癌症）。

　　另外，所有美國核子動力船隻，均布滿監測輻射儀器。2011年3月14日（福島第三號機組爆炸日），雷根號人員測得背景輻射劑量上升，此時該艦距離海岸160公里。既知輻射劑量增加後，該艦即離開該地區。幾位直升機組員受到輕微輻射，但均在安全範圍內。美國海軍發言人雷爾遜（Greg Raelson）指出，即使在最壞情況下，雷根號人員受到福島來源的輻射暴露量，比起美國一般民眾受到諸如太陽、岩石和土壤等的自然背景輻射，連四分之一也不到。

　　其實，這些提訴訟的海軍是遭受負面心理影響，他們提出的症狀包括直腸出血、胃腸道不適、掉頭髮、頭痛和疲勞。這些均為肌張力障礙（dystonia），症狀常與情緒緊張和身體疲勞有關，而非器質性原因（例如，器官受到輻射破壞）。軍人常活在相當大的壓力下，難免身心交感致病，受到反核誤導，就可能恐慌而興訟。

(2)「非核家園」者「作繭自縛」

　　國內反核者害怕輻射，要求臺灣成為「非核家園」，她們才心安。但是，從宇宙射線到蔬果、土地、建材、你我身上，到處都是輻射；另外，國家需要核醫藥、諸如非破壞性檢驗等

的農工應用輻射研究，怎可能家園「非核」？

反核者自暴其短的另例是，要求非核家園立法防制「通訊設備、高壓電線等」，因產生非游離輻射，可能有健康影響；但通訊與電線等產生的非游離輻射，並無核能輻射效應，不解科學者，以為均有「輻射」字眼，就雞兔同籠地一起算帳。

臺灣若非核，只是害到自己（高電費與多排碳等），但對岸福建省的福清核電站，離苗栗僅164公里，旁邊寧德核電站離北臺灣也僅200公里，約如臺中距離臺北，則臺灣非核家園的意義何在？（圖2-2-20）

圖2-2-19　美國航空母艦「雷根號」。

圖2-2-20　福建的核電廠緊臨臺灣。圖片來源：何偉

6. 核廢料只是小小問題

核能與化學鍵能的比例，約百萬倍（鈾核分裂產生能量約相當百萬倍的石化原料），所產生廢棄物量的比例，約百萬分之一（核廢物量約石化廢棄物的百萬分之一）。

　　放射性廢料的數量（約1%）遠比有害化學廢料（約99%）少，其中高放射性核燃料占放射性廢料中的比例（4%），又遠小於低放射性廢料，其數量少而易於集中管理。放射性廢料因具有放射性，而易於監測管理，對環境的影響會隨時間自然衰減；但是化學廢料不然。

　　核廢料分為高、低放射性兩類，高階核廢料主要是反應過的核廢燃料，其實不是「廢料」，因97%可再處理而成明天的能源：自用過核燃料取出鈽與鈾，可以重新製造成燃料再利用，從降低廢棄物總活度，或資源利用效率來看，廢棄物再處理都是最好的策略。絕大部分屬於非常短命的分裂產物，輻射強度會快速地降低。如果剛從反應爐退出來的核燃料，總活度是1，則1年後，剩下1/75（1.3%）；10年後剩1/454（0.22%）。核廢料在600年後只剩下1%毒性。通常處理法是，在地下300公尺岩層中，核廢料作成玻璃態（熔解成玻璃迅速冷卻而形成非晶形固體），存放在不鏽鋼容器中，往外為安定劑層、鈦合金保護層、防腐蝕層、結構套層、回填層（遇濕膨脹）、岩層，這些層層防護非常不可能輻射外洩（圖2-2-21）。

　　核廢料固然含很多輻射核分裂產物（如碘-131和銫-137），但核分裂產物的輻射量與半衰期成反比。換句話說，就是核分裂產物的輻射量越強，它的半衰期就越短，或是

圖2-2-21　美國處理核廢料：低階、高階。

核分裂產物的半衰期越長，它的輻射量就越弱。因此，核廢料的輻射即使10,000年還不消失，它的輻射量已非常微弱，一點都不可怕。

——江仁台，美華核能學會會長

　　例如，2002年，世界第一座高放射性廢料處置場，在芬蘭Olkiluoto誕生（圖2-2-22），當地居民與芬蘭國會，都以超過2/3的壓倒性多數同意興建。又如，澳洲曾提出用過核燃料的暫時貯存計畫，以收費的乾式貯存方式，代管他國用過核燃料，每期五十年，期滿可以續約。

　　低放射性廢料包括核汙染的廢液、衣物等。核能研究所發明的高效率壓水式核汙染廢液固化技術，將體積縮小幾百倍，是大成就，日人也來取經。

　　值得反思的是，全國醫農工學研等產生許多核廢料，但未

圖2-2-22　芬蘭Olkiluoto核電廠與其Onkalo用過核燃料貯存場。

聞一人（醫師和科學家等）出面扛責，反而是台電一直不吭聲地捱罵，實在不公平。反核者均曾或多或少享用諸如X光等核醫藥，卻從未表示要處理自己產生的核廢料。

(1) 無知藝人陷星雲於不義

2014年5月，某反核的藝人於臉書說：「謝謝星雲大師，核廢料有地方放了！」星雲法師於《人間福報》以文〈吾言有罪〉回應：「……有人說，要把核廢料放在佛光山，感謝你的慈悲，成就我們的犧牲……」。

其實，核廢料不傷人，如上述，星雲法師可安心。由該藝人之文，可知她害怕，因爲她不解輻射的健康效應。

全球已有34個國80座低階核廢料最終處置場，我國尚無低階核廢料最終處置場。低放射性廢棄物處置場所需土地面積很有限，以法國的La Manche場（圖2-2-23）爲例，自1969年開場至1994年貯滿，封場後再覆土回塡植被，所用的土地表面積

僅約0.12平方公里。

其實，國人若擔心環境汙染，則應更關心其他的廢棄物（99%）。2011年，《天下》雜誌484期報導，二仁溪因焚燒廢電纜，而讓河道及沿岸土壤，備受戴奧辛汙染；臺灣每年產生的廢棄物中，有害重金屬約100萬噸、一般廢棄物約1600萬噸。臺灣有800多處列管的汙染土地。

經由阻隔設計，不論低階或高階核廢料，均不傷人，先進國家經驗已有多年經驗。存放核廢料非但不是犧牲，還是功德，因為民眾的害怕只是不解輻射科技，法師正可據以解惑，只是不知該地地質是否適合當作貯存場。

(2) 日本已重啓核電

2012年5月5日，反核的主婦聯盟環保基金會，發表文章〈日本核電歸零了，臺灣呢？《日本311默示》讀後感〉說：「就在撰寫這篇文章時，日本所有的核電廠都停止運轉了。2012年5月5日，請大家要記得這個日子，也請大家別忘了311給我們的啓示」。亦即，反核者不解日本停核之因在安檢，卻解讀為日本廢核，而要求臺灣廢核。

但是，2015年8月11日，日本重啓川內核電廠1號機組（圖2-2-24）；2015年10月15日，重啓川內核電廠的2號機組；2016年2月1日，高濱核電廠3號機重啓運轉送電。為記取311核災教訓，日本各核電廠全面停機檢修，並強化安全設施。2013

年7月8日，日本原子能規制委員會開始實施核電廠新規制標準，目前已審核通過而重啓這3個機組，以後將陸續重啓其他核電廠。臺灣反核者為何不跟隨而重啓呢？難道說，她們志在廢核，只是藉機「消費」日本停核，雞毛當令箭？

另外，2016年6月20日，日本原子力規制委員會批核，高濱核電廠1、2號機延役20年（運作至今已近40年）。

圖2-2-23　法國La Manche低放射性廢料貯存場。

圖2-2-24　2015年8月，日本重啓川內核電廠。

7.「德國能，臺灣硬是不能」

2011年，德國「過渡能源」（圖2-2-25）政策的如意算盤是，2050年將再生能源提升到八成。但現實是，燃燒的褐煤（最糟的能源）也是工業化國家中最多，因為太陽能與風能不穩，缺風或日時，即需找到備用能源，但天然氣較貴，德國燃煤供電的比率，在2010年是43%，但光是2013年的上半年就已超過五成。

近年來，風吹日曬時，德國就要付錢給用電者，因爲發電太多了，例如，2016年5月8日，風電與太陽電產生德國全國所需九成以上的電力，於是，必須趕快要求火電與核電停工，因綠電優先上電網，這種要求，讓德人一年損失超過55,300萬美元，因電網業者必需補償電力公司的調整；又產生過多電而致的二氧化碳。德國熱衷於投資再生能源，有時收獲超多，綠能電力幾乎足夠全國需求；加上火力與核能，結果，超多的發電讓電價變成負值，以避免過多電力擠爆電網。因爲能源轉型政策，保證再生能源價格，也優先上電網，使得2015年德國電力用戶所繳納的再生能源稅230億歐元。

談論臺灣限電危機的文章很多，但很少人指出「獨立電網」才是致命傷。德國總理梅克爾宣布：將於2022年前全面淘汰核電，引發國人「德國能，臺灣爲何不能」的呼籲。但是，德國電力屬歐洲互聯電網，所以德國缺電時，就算「零備轉容量」，還可隨時從法國、荷蘭、波蘭等鄰國買電，而不致限電。……臺灣也是海島的獨立電網，要有安全備轉容量，才不會有限電危機，所以「德國能，臺灣硬是不能」（圖2-2-26）。

——羅欽煌，北科大電機教授，2016年

圖2-2-25　德國過渡能源政策著重生質能、風能、太陽能。

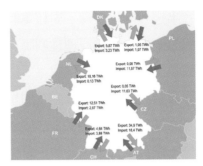

圖2-2-26　德國電力與鄰國互通有無。圖片來源：Gund-lach Gruppe

8.反核的原因

　　德國曾經歷冷戰「核彈對峙於東德與西德」、日本曾經遭受原爆、美國則發生過三哩島核電廠事故。其民眾反核「有點道理」，為何臺灣人反核？因為反核運動「時髦」？

(1)「臺灣醫界大多數反核」

　　2016年7月，媒體報導，有台大的醫師，1995年起支援貢寮衛生所，但他說：「若核四要運轉，我會離開。」希望不讓該地受到核汙染的傷害，讓他可以繼續守護貢寮的土地和鄉親。為何聰明有見識的台大醫師，這麼恐慌反核？

　　2016年6月，小兒科醫師王見豐寫給反核的名嘴：「有醫療問題應該詢問醫療人員，若你去問一位石器時代的巫師，如何治療白內障手術，她只可能認為眼科醫師是要挖掉眼珠子，

多半還會取走靈魂。對核電有疑慮，至少該聽聽真正的核能專家怎麼說，再自己理性判斷。」背後原因是，他認為臺灣醫界大多反核。他澈悟地說：「以前人云亦云，又是多麼無知。自從表態擁核以來，我就在同學、同業中成為少數的怪咖。這並不意外，自己先前就是那麼封閉，卻又自以為是。值得慶幸的是，總算在五十歲之前，跨出瞭解的第一步，真有朝聞夕死的喜悅。」

　　若民眾並非專家，要他們對困難複雜的科技問題提供建議，豈不就像到咖啡店問侍者（而非心臟專家），你的心臟需何種治療？冠狀動脈手術或服藥？

—— 密勒（圖2-2-27）

　　反核者動不動就說要非核廢核，讓核能從業人員情何以堪？原本自以為從事利國利民的工作，卻聽到核能與罪惡畫上等號，工作人員似在從事一項違背良心的職業。

(2) 反核領袖的水準

　　2011年9月，反核領袖H核工博士（福建泉州綠能產業技術研發中心執行長），在土城扶輪社演講〈政府不會告訴你的核能真相〉，說核能先進國「均已計畫提前將現有核電廠除役」，實情呢？美國百座核電機組，八成已獲准延役20年。

H早已離開核能界，近年的反核言談，外行充內行，成為立法院、媒體、反對黨等的寵兒，將臺灣民眾嚇得皮皮挫。又，他身受國家栽培，竟枉顧我國是全球核安排名績優者，一再頂著專家光環，在大眾傳媒上，以不實言論煽動反核。

H說日本福島災民500年內回不了家，但嚴重如核爆的廣島長崎，不到五年即呈繁榮景象。H說「核三廠（圖2-2-28）曾多起因燃料匣彎曲而控制棒插入不順、停機達九個月」，其實，核三廠為壓水式反應爐，沒有燃料匣設計，當然也不會有燃料匣彎曲而控制棒插入不順的事。

圖2-2-27　史丹福大學分子
　　　　　生物學家密勒。

圖2-2-28　墾丁南灣與核三廠。

2014年6月，他告訴媒體，全世界4百多個反應爐，沒有一個反應爐讓燃料棒延役。實情呢？H自創新名詞「燃料棒延役」，以類比「電廠延役」，其實，只要累計燃耗仍低於燃耗限值即可，沒有燃料棒延役問題。

(3) 核電與核武「雞兔同籠」

2016年6月，德國聯邦議員霍恩（Barbel Hohn）來臺表示，德國走向全面廢核的關鍵原因，包括核電是核武的延伸。

其實，核電與核武的關係很遠。原子彈燃料有兩種，一是鈾-235，二是鈽。鈽彈的原理包括兩階段，首先是「內爆」，以化學炸藥將鈽壓縮，接著產生中子（引發連鎖反應）的「爆炸」；所有程序必須精準地在百萬分之一秒內完成。例如，若爆炸早於內爆完成前，則鈽彈威力將大大減低（因此，防衛鈽彈的一法爲使用中子在其內爆前作用而使該彈失效）。

鈽燃料（鈽-239）來自核反應爐中的鈾-238，但是若鈽-239留存在反應爐中太久，它會變爲鈽-240（會產生太多中子而使鈽彈失效，不適合當核彈原料）。在美國，燃料在核反應爐中通常放三年，結果，鈽-240偏多。因此，「反應爐級」鈽的威力差，又不可靠，也難以設計和製造。

相反地，「武器級」鈽來自核反應爐中三十天內即「取貨」。若想從美式核反應爐中三十天內拿出鈽，則非常不切實際，因爲移開燃料需要三十天停機，並且緊密形狀核燃料的製作（爲高溫高壓反應條件）相當昂貴。務實的作法是另建「產生鈽的反應爐」，其架構「方便與迅速」遷移燃料，因此爲攤開形狀，燃料製作費便宜，因爲常壓低溫下反應，使用天然鈾（而非核電用的昂貴濃縮鈾），產生的鈽量也更高（四倍）。產生鈽的反應爐的建造費用只有核電廠的十分之一，也可更快

速完工。除了前蘇聯（例如車諾比），所有的核武鈽均這樣生產。另一生產鈽的方式為，使用研究反應爐（醫農工輻射應用），其設計有相當彈性與空間，不難用來生產鈽。

目前的核能電廠在高溫高壓下運轉，需要產生與處理蒸氣與電，因此體積龐大、相當複雜；只有少數幾個國家有此能力建造；世界組織也容易介入檢查（有沒轉移鈽？）。至於生產與研究反應爐，則體積較小與容易隱蔽，無高溫高壓蒸氣與電力設備，又不必受外界檢查。可知，要建造核彈者實在不會走核能電廠的方式生產鈽。

(4) 核恐慌：各式遐想推波助瀾

1945年，美國原子彈「曼哈頓計畫」實驗室主任歐本海默（Julius Oppenheimer），看到引爆時，閃耀光芒與巨型蘑菇狀雲，想起印度《摩訶婆羅多經》的「漫天奇光異彩，猶如聖靈逞威，祇有千個太陽，始能與它爭輝」。此種遐想還導致日後有人出書《比千個太陽還亮》。另外，在戲劇《原子博士》中，歐本海默下跪搥胸，哭喊死亡、摧毀、詛咒。

1945年，日本原爆後4個月，統計廣島與長崎居民總共約10萬人死亡。若與原爆前6個月以來，美國轟炸日本各地相比較，全日本總共約50萬人死亡（在東京，有次空襲的死亡人數十萬）。2次原爆的死亡人數遠少於普通炸藥。2012年，美國國家工程院院士洛克威爾（Theodore Rockwell，曾任核電廠

科技主任，圖2-2-29）指出，後續研究比較當地輻射倖存者與其他地區未受輻射者，前者較長壽。倖存者身上的燒黑，並非來自輻射，而是爆炸熱氣；因美國刻意將原子彈在日本的引爆點，高於地面6百公尺，絕大多數核分裂產物，被爆炸熱與力衝到大氣上層，等它們降到地面時，放射性幾已銳變消失。當時預測的未來大量輻射死亡與致癌，均無兌現，例如，20萬倖存者的子女並無遺傳效應（受輻射者生下畸形小孩等），原因在妊娠期間胚胎發展及發育會自行修復。

首次原爆於廣島後，日本還不投降，美軍有必要威脅日本「核彈可怕」。美國橡嶺國家實驗室主任韋恩伯格（Alvin Weinberg，圖2-2-29），一直陳述核子科技為「浮士德交易」（Faustian bargain），若出錯就入魔鬼手中，認為這樣激勵核工人員，就可維持超高的優越技術水準。

圖2-2-29　美國國家工程院院士洛克威爾、美國橡嶺國家實驗室主任韋恩伯格。圖片來源：Health Physics Society, Oak Ridge National Laboratory

9. 比較各種發電方式的傷害

美國工程院院士科恩宏觀比較各發電方式導致死亡的人數如下表（也參閱圖2-2-30）。

表：在一年中，等量發電（百萬瓦）致死比較

電源	首500年	最終
核能		
高放射性核廢料	0.0001	0.018
氡氣	0	—420[註]
氪氙等氣體	0.05	0.3
低放射性核廢料	0.0001	0.0004
煤		
空氣汙染	75	75
氡氣	0.11	30
化學致癌物	0.5	70
太陽能		
材料	1.5	5
硫化鎘	0.8	80

註：因使用核能，挖掉土中鈾礦而減少氡氣的產生，減少遭殃者。

例如，每年美國有3萬人因火力發電廠汙染死亡，數十萬人因發電廠汙染而有氣喘、心臟及呼吸道毛病；2011年，世界衛生組織公布，小於10微米（PM10）的懸浮粒子，會導致嚴

圖2-2-30　1968年，美國西維吉尼亞州法明坦（Farmington）礦坑事故
　　　　　死亡78人。1906年，法國酷烈（Courrières）煤礦事故，死亡
　　　　　1,099人。

重呼吸道問題，其主要是來自發電廠、汽車排煙、工業化的二
氧化硫和二氧化氮；全球一年有134萬人因空汙早逝。又如，
太陽能電池含硫化鎘，等幾年電池劣化後，硫化鎘很可能汙染
土地，而後傷人（圖2-2-31）。另外，生產太陽能電池時需要
有毒物質，例如，氫氟酸、三氟化硼、砷、鎘、碲、硒等的化
合物，均傷人。

　　比較各式能源？(1)二氧化碳排放量：國際原子能總署
「生命週期中，每度電的二氧化碳排放量」，核能為9～21
公克、太陽能光電池100～280公克、風力10～48公克、燃煤
966～1,306公克。(2)同電量需用地的面積：核電略同火電，太
陽能則約100倍，風力約500倍。(3)容量因數：核能可達90%、
燃煤85%、燃氣55%、風能33%、太陽能只有14%。(4)每度電

成本（2012年）：太陽光電6.86元、離岸風力5.6元、地熱4.8元、燃氣2.44～4.7元、陸上風力2.6元、燃煤1.64元、水力1.18元、核能0.72元。

　　工研院年底董事會都要審核所轄各所次年的預算。當光電所、資通所等，向董事們報告，來年工作計畫及所需經費時，因為報告內容都各有專業，除非本行專家，一般董事都不見得完全瞭解，所以提問很少，預算都順利過關。但一輪到能資所（現改為綠能所）報告時，問題就一籮筐，因為大家都自認很懂「能源」。院長說好像只要會開電燈開關（他還比了一個開關手勢），就是「能源專家」。

──陳立誠（圖2-2-32），引述工研院院長故事，2012年

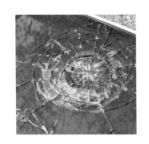

圖2-2-31　毀損的太陽能板。

圖2-2-32　臺灣能源專家陳立誠。

(1) 媒體傳播輻射恐慌

　　2014年，《聯合報》採訪福島，出書《明天的電，核去核從》提到：輻射劑量低，已達安全規範，但民眾仍有疑慮。

在雙葉町採訪時，我跟同事依官方的要求，穿著全套防護裝進入管制區，但在管制區內卻見到雙葉町的公務員，不但沒穿防護衣，甚至連口罩都不戴，就在管制區趴趴走，我心中疑慮：「真的不要緊嗎？」在福島醫科大學採訪時，好幾個醫學博士對我的疑問，都有相同的回覆：「現在多數管制區的輻射量是安全的。」但有疑慮的顯然不只我，結束福島醫科大學採訪後，搭上一輛計程車，已當阿公的運將菊田滿之告訴我，雖然他相信輻射應該已經沒太大影響，但想到下班回家後，要抱孫子、與孫子玩，他就拒絕出車到福島一廠附近。

即便我相信此次赴福島是安全的，但想到回臺後，要抱抱一個月沒見的5歲女兒，離開日本前，我還是把穿進福島一廠的外衣丟棄，心境一如這位計程車司機。回到臺灣，朋友問我：「晚上關燈時，身上會不會發亮？」

三年前，福島核災爆發後，曾有媒體報導，有50位福島勇士留下來搶救反應爐，被外界冠以「福島五十壯士」，甚至有媒體稱，這些人中有黑道與流浪漢。福島一廠副廠長菅沼希一澄清，東電並沒找黑道或流浪漢，搶救者也不止50人；當時至少有近百位員工留守管制中心搶救核災。

(2) 說穿了，就是輻射恐慌

2015年11月，中視的「《60分鐘》搏命直搗福島核廠」，描述日本福島現況，也採訪德國再生能源。記者一直強調穿著

全套防護裝、配戴監測器等「嚇人」景象，更不忘拍攝輻射超標時的警鈴大響。

日本地處大斷層帶（五百公里長），會發生九級大地震，但臺灣不會（一百公里長）（圖2-2-33）；日人經營核電績效差（全球三十國遠落後於臺灣）；臺灣不會發生類似福島事故：但國人就是沒自信，堅信「日本會出事，臺灣更會」。媒體也喜歡一直「消費」福島悲情，例如許多媒體前往福島採訪，但記者往往缺乏輻射等專業訓練，大致上展現「輻射可怕」景象，激發觀眾恐慌。

圖2-2-33　比較臺灣921地震和日本311地震的斷層大小。斷層與海岸線平行則易發生大海嘯，日本福島電廠附近的海岸線與大斷層平行，故地震引發海嘯狀況嚴重；臺灣外海斷層如東部琉球海溝（斷層）與臺灣東海岸及北海岸不平行。圖片來源：政大。

但今天福島輻射劑量只有每小時0.04微西弗，遠小於安全規範每小時0.2微西弗（自然環境值）。為何片中經常質疑，

居民感受到輻射的恐慌？福島與輻射脫鉤？例如，片中，記者一直問一位福島臺籍留學生「你不會害怕嗎？敢買福島產品？」難道，記者害怕，也要別人跟著恐慌？

試片會中，環保人士全害怕輻射，例如，要筆者去住在核廢料場旁；筆者已經被要求住在此種地方許多次。

綜觀全片，媒體團隊非常辛苦（是「搏命」直搗核電廠呢），只是，對於輻射科學專業，該片「外行看熱鬧、遐想災難」地，繼續傳播「輻射恐慌」。

(3) 不瞭解，就遐想災害

今人想到，1865年，英國要限制火車速限每小時三公里，並在前頭拿紅旗警示，是否覺得「庸人自擾」？

火車是節能環保的運輸工具，大家已習以為常，但1888年引進臺灣時，卻被視為西方怪物，眾人心生排斥，怕火車摧毀臺灣地土的靈秀與完好（圖2-2-34）。清末鹿港詩人洪棄生的詩句「西人逞巧亦良危」、「渾沌鑿死山靈顛」，反映出對火車的徘斥與懼怕。……美國女詩人狄瑾蓀（Emily Dickinson，1830～1886，圖2-2-35），對火車的心情，則是喜愛又好奇，她的火車名詩：「我愛看它一路舐鐵軌，吻著谷地爬升，有時停下來，水櫃吃水；之後，巍巍然，舉步……」。

—— 游元弘，現代詩詩人，2012年

圖2-2-34　臺灣早期火車（魚藤坪溪
　　　　　橋樑）。

圖2-2-35　1971年，美國郵票紀
　　　　　念女詩人狄瑾蓀。

　　美國發明家愛迪生等人，開始社會電力化後，民眾擔心電力到處致人於死地。電報剛誕生時，也是備受誤解與抗爭。

　　2012年，英國皇家化學學會指出，影響民眾風險認知的主因為恐懼；反對者經常簡化而聳動有力地訴說科技風險，「專家名嘴」常在媒體誤導民眾；在缺乏足夠資訊（尤其發生科技事故的早期）時，民眾傾向於相信「最糟的可能性」。科技知識日新月異，又越來越不易解釋，因為離日常生活常識越遠；這讓風險意識高、有心人等，容易藉機操作。

10. 悲情蘭嶼：為賦新詞強說愁

　　臺東蘭嶼（意為蘭花之島，圖2-2-36），位處臺灣東南外海，居民多為原住民達悟族，並在春夏季節出海捕飛魚（圖2-2-37），稱為「飛魚季」，有「飛魚的故鄉」之稱。

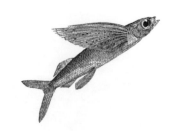

圖2-2-36　蘭嶼意為蘭花之島。　　圖2-2-37　蘭嶼飛魚具有滑翔能力。

　　1974年，行政院原子能委員會展開「蘭嶼計畫」，要在蘭嶼龍門地區設立核廢場。1981年，蘭嶼貯存場開始運作。

(1)「蓋工廠」：謠言滿天飛

　　2016年8月1日，蔡總統在道歉文中提到，當年政府在雅美族人不知情的情況下，將核廢料存置在蘭嶼，「蘭嶼的族人承受核廢料的傷害」。雅美族耆老夏本・嘎納恩回應，蘭嶼人非常擔心「滅島」。野銀部落地下屋專業導覽員夏本・麗蘭說，政府當年騙說要蓋鳳梨工廠。

　　其實，至少四項證據顯示，當時資訊公開，確定說清楚要蓋核廢料貯存場，一是當時《立法院公報》（第69卷第73期委員會紀錄）：「處理與儲存此類放射性待處理物料……以臺東縣蘭嶼島龍門地區為陸貯場所……蘭嶼計畫專案……由榮民工程處分別施工中」。二是榮民工程處工程告示牌：「蘭嶼計畫碼頭及防波堤工程告示牌，主辦單位：行政院原子能委員會」。三是《蘭嶼雙月刊》（民國74年11月10日），標題「絕

不犧牲少數人！貯存場設置考慮完善，原能會放射性待處理物管處處長強調安全無虞」，安排全鄉……到貯存場舉辦座談會。四為《聯合報》民國69年5月4日標題「放射性待處理物料，將送蘭嶼貯存」；民國71年5月4日標題「廢料儲存蘭嶼……核能專家表示，安全問題，大可放心」。

另外，原能會公告：貯存場建場之初，原能會對外行文，從未使用「罐頭工廠」乙詞，向行政院陳報、向臺灣省政府、臺東縣政府，協調規劃貯存場時，均明確指出為闢建「蘭嶼國家放射性待處理物料貯存場」，可由當時的「施工規劃報告名稱」及「施工地點豎立的大型看板」佐證。外傳原能會當時假借「罐頭工廠」之名，蓄意欺騙蘭嶼民眾，實為以訛傳訛。

「在蘭嶼蓋工廠」是謠言，但已「謊言百遍成真理」，並成反核者痛責政府欺騙的把柄，民眾因而更同情蘭嶼與協助抗爭。蘭嶼年輕一代質疑，「當時有無用族語將真相告知族人」？因其長輩說「詢問該工地的用途，得到的答案是建設魚罐頭工廠」，則到底是誰給的答案？若非政府而據以責怪政府，豈非道聽塗說而亂扣帽子？有識者指出，或因達悟族語裡無「核廢料桶」的詞彙，翻譯者為幫助瞭解，說像罐頭，結果，「比喻」反當真、善意被扭曲，何其不幸！

(2) 謠言（而非輻射）傷國害民

蘭嶼設有54個偵測站，原能會定期採取飲用水、地下水、

農漁產物、土壤、海水、岸沙等，每年取樣超過五百餘個樣品。歷年來結果均在自然環境背景輻射變動範圍內（環境背景值為0.2微西弗／小時以下，蘭嶼背景值介於0.027～0.041微西弗／小時）。

低階核廢的劑量本已甚低，固化封存與隔離後更安全。其實，設場前與後，均實測輻射劑量，並無差別。動輒宣稱蘭嶼同胞因核廢輻射而傷亡，可拿得出證據？其次，說當地某人罹癌，則要想想我國民罹癌率，約每百人有二十五人，因此，聽聞有人罹癌的機率高（四分之一），也不能隨便怪罪。

2012年，兩外行的日本人中生勝美與加藤洋（圖2-2-38），到蘭嶼偵測，宣稱輻射超過背景值千倍，引發恐慌而居民不讓孩子外出上學。原能會即前往偵測，卻無輻射異常。兩月後，此兩日人與我國核能專家複測，方知日方儀器其實受到干擾而誤測。但日人宣稱其儀器比較新而正確，又說為什麼日人的數據蘭嶼人就相信，原能會的數據卻否，「難道蘭嶼是日本管轄的嗎？」民眾怒述，該貯存場已設30年，危害民眾，原能會每次說安全都是在欺騙蘭嶼人。2013年，曾任日本保健物理協會會長的石黑秀治博士等三日本輻射專家，與清大專家朱鐵吉教授等同往偵測，確認無異常（劑量每小時0.03微西弗而低於自然背景值）（圖2-2-39）。

2016年3月22日，旅日作家L女士投書說：「日本輻射專家學者團隊，也在蘭嶼各處找到許多超標驚人的輻射熱點，乃

圖2-2-38　兩外行的日本教授中生勝美與加藤洋宣稱蘭嶼輻射超高。

圖2-2-39　日本保健物理協會前會長石黑秀治（左三、蹲）等三輻射專家到蘭嶼確認無輻射顧慮。

至類似輻射屋之處，但原能會根本否認日本專家團隊的調查結果，自己也不肯做調查。」

　　貯存場（圖2-2-40）共存放低放射性固化廢棄物97,672桶，水泥固化形成第一道障壁，鋼桶盛裝第二道障壁，混凝土壕溝為第三道障壁，啟用三十餘年來，曾有6百桶核廢料桶腐蝕，但混凝土壕溝可有效隔離放射性廢棄物，2011年11月，完成全數檢整重裝。歷年環境偵測可確認並無輻射外洩，但此鏽蝕事件重傷國家與台電形象。反核者宣稱外洩輻射傷人，並非事實。為何居民將核廢料視為「惡靈」？

　　蘭嶼連1度核電都沒用到，怎麼忍心將核廢料放在那裡，讓小孩子致癌？

——L女士，2016年

　　核電約占全國電力五分之一，各式的生產消耗與費用均需分攤，包括諸如購買與安裝蘭嶼發電廠、衛生所、各級學校等；因此，不能說蘭嶼沒用到核電。

　　蘭嶼某作家在〈蘭嶼美麗島，接收核廢十四年〉文中，以「科技殖民」描述漢人在蘭嶼傾倒科技的垃圾，注入蘭嶼悲劇的開端。何其不幸的族群對立觀點！則漢人與達悟混血孩子「選哪邊站」？另外，政府設立的醫療設施與各級學校也是科技殖民[2]嗎？「垃圾」有汙染環境的含意，但核廢並不汙染環境。這些核廢已處理得形同石頭，不會到處汙染、不像垃圾，又有台電專人看管，只是找個地方放置。該文顯示，其心可憫，但「理盲情濫」。

　　也許最傳神的是，2002年，呂秀蓮副總統對媒體說：「蘭嶼核廢料場沒有問題，是有些政客每年就要去挑它一下。」

---

[2] 可說各式議題均可炒作，例如，2014年，蘭嶼要不要有便利店7-Eleven，引起論戰。名作家劉克襄說，「希望小7別繼核廢料後又成為漢人帶給蘭嶼的另一個惡靈」。蘭嶼鄉長說，「蘭嶼想要的東西，臺灣為什麼要反對？」蘭嶼人說，為什麼你們可以用ibon買票，網購店配等，而蘭嶼人不行？同為國家公民，來看我們划拼板舟、穿丁字褲，卻不讓我們發展。

(3) 任一選址均受民粹抗爭

一個國家需要墳墓、監獄、軍事設施、煉油廠、國家公園、兒童樂園等，不是設在我家旁就是在你家旁。

蘭嶼核廢場是1980年代，歷經二年多，就全國廢棄坑道、高山等評估，決定先採取離島暫存，蘭嶼龍門因地形封閉、5公里內無人居、運輸安全可靠、未來可能海拋等特點，而獲專家決選，今人或可不同意該選擇，但當年時空環境決策如此。

說蘭嶼人沒用核電，就不可當核廢貯存處？就如說桃園人沒搭過飛機，桃園就不可設飛機場？高雄煉油廠附近居民，可禁止其他人，不可使用其生產的汽油？或說某地沒生產核醫藥，就不可用核醫藥？蘭嶼不是國家的一部分，而可自選要什麼、不要什麼？每個村里均只要安全，不要軍警設施？

2014年，某報出書《明天的電，核去核從》提到，「臺北人享受了電力的方便，卻總是較少承擔使用能源背後的代價」；為何挑撥臺北人與其他人的對立？自由社會各人隨地遷居，臺北人有何原罪？其次，臺北的空氣汙染呢？要怪罪外地人進城工作嗎？第三，敵人將飛彈瞄準臺北（首都），臺北人要抱怨其他地方少承擔「成為國家的代價」嗎？第四，若核廢放臺北，是否其他地方人就額手稱慶？則監獄呢？煉油廠呢？焚化爐呢？全放臺北嗎？臺北各區是否如「全國吵著放臺北」，又再吵「放哪一區」？然後再吵放哪一里？

反核者說：「核廢料暫時貯存於蘭嶼，是歧視少數民族

的不義行爲」。事實上，無論放在哪裡，反核者「總可講出理由」，立即號召群眾前往反對[3]。同理，「全臺灣什麼地方不選，偏選蘭嶼（我的家鄉）？」則不論放哪裡，各地均可這樣強辯。說「把自己生產的垃圾丟到他人家裡」者，可知自家垃圾流落到哪個鄉鎮垃圾掩埋場或焚化場？每人自行處理垃圾，是全社會最佳作法嗎？反核者用的X光等核醫藥廢棄物，爲何不自己帶回家處理？說這些光明堂皇、大義凜然的話，很容易，只是太虛僞。蘭嶼同胞自由到臺灣住、自由選址。話講到此，已「不忍卒聽」，還要繼續撕裂國家才甘願嗎？

C立委認爲，應停核四以免核廢，但她可知醫療與研究等，一直產生核廢？爲何醫師病患或研究者不出面扛責？她享用過諸如X光等核醫藥（遑論核電），爲何不「自行處理掉」其核廢料？她說選址應經地方同意，但哪個地方沒被誤導而會同意？例如，1998年，台電要將烏坵的小坵嶼（圖2-2-41）作爲核廢料的最終處置場，結果部分烏坵居民抗議，外人與媒體紛紛聲援，台電於2002年放棄。偏遠烏坵，爲「離島中的離島」，又幾無人煙，還受激烈抗爭到放棄，則可能有任何地方會同意存放？

---

[3] 然後反核者樂得宣稱，「無能」的政府就是找不到地方。反核的某黨曾執政8年，還是無解（留在蘭嶼），因爲將低放射性核廢料描述成「大量輻射、如同癌症與愛滋病般危險」，難怪民眾嚇得半死，因此，任何地區民眾均可拿此「擋箭牌」拒絕核廢料；若從蘭嶼搬出，則沒人願意接納；可說法自斃。

圖2-2-40　蘭嶼貯存場。

圖2-2-41　烏坵離臺中80浬。

(4) 青鳥殷勤爲探看

蘭嶼何辜，因謠言而挑起民眾恐慌，再因意識型態而產生族群對立。

英國文豪莎士比亞的名劇《羅密歐與茱麗葉》，描述兩位青年男女相戀，卻因兩家的族仇恨而迂迴走避；最後，賠上戀人的冤枉死亡，結果，每人領悟到自己的愚昧與荒唐，兩家族回到了應有的和平共處。

我們可由莎翁悲劇學到什麼教訓嗎？

11. 中研院院士誤解

2014年4月27日，政界名人林義雄禁食反核後第六天，中研院發表多位院士「對核四問題的看法與建議」連署書，說是要幫忙解決國內對立紛爭，但幾乎全文均只批判核電，而內容

甚多誤解核電科技，如下述；這是「院士級」水準[4]嗎？

　　院士說，美國自然資源保護委員會「已點名全球位於極高震災風險區的核反應爐有12座，其中有6座在臺灣。」但地理地質適合建廠否，是很專業的問題，以該委員會反核有名的立場，說詞可信度多高？其實，爲了核四地質，我國已投資甚多，例如，美國貝泰（Bechtel）公司調查核四廠址附近斷層，確認附近最年輕斷層爲枋腳斷層，最後活動年代超過37,000年以上；中華民國地質學會、中央地質調查所、國科會等研究均顯示，核四廠址適合。2014年4月28日，中國工程師學會聲明，日本斷層帶五百公里長而臺灣一百公里長，大海嘯多源自與海岸線平行板塊大斷層錯動，而我國東部琉球海溝與東海岸並非平行，因此臺灣不會發生像日本福島的地震海嘯。

　　院士說，核電「爭議不斷」。其實，幾乎任何議題均有人反對，就說爭議不斷，符合科學檢測推論嗎？就像美國國家科學院報告所說，即使抽菸致癌的鐵證如山，還是有人反對致癌說詞；即使到今天，美國仍有組織宣稱「地球是平的」；均可稱爭議不斷嗎？

　　院士說：「1979年美國三哩島核災、1986年蘇聯車諾比核

---

[4]　2014年8月，某核能專長院士告訴筆者，中研院發出該連署書，但他看到內容錯誤累累，嘗試修改，但不易改，而婉謝署名。該年底，某院長暗自叫屈「發起要求連署的院士，原來在美國有太陽能板的利益，誤導我簽名支持」。

災，與2011年日本福島核災後，民眾深切體會核電災害的嚴重性。」到底此三事件真相如何？民眾的深切體會正確嗎？

(1) 三哩島事故

反核者的認知正確嗎？例如，2000年，某黨《廢止核四評估》提到，三哩島事故後，周圍居民肺癌、白血病、總體癌症發生率均增加。另黨《反核四白皮書》提及，三哩島事故造成孕婦生畸形嬰兒、嬰兒死亡率突增。

事實呢？該事件釋出輻射劑量約0.01毫西弗，而一次胸部X光照射約6毫西弗，天然背景為1～1.25毫西弗。美國國家科學院等的深具公信力報告均指出，釋出的輻射劑量對人與環境的劑量均可忽略。事實上，美國賓州（包括三哩島核能電廠所在地）因為氫氣含量高，三哩島核能電廠所在地居民，平日受到的輻射劑量大於該核能電廠事件釋出的量。美國三哩島事件並沒導致任一人傷亡或生病，但媒體卻一再把該事件說成大災難，恐慌連連（圖2-2-42）。

人們從錯誤中學習，核能界在三哩島事件後，即成立核子安全分析中心、核能運轉協會。「總統委員會」提出報告，核管會也提《從三哩島事件學到的教訓》，改善意見即在每個核能電廠執行。可說從三哩島事件學到的教訓徹底改變整個核能產業。因此，自三哩島核能事故以來，美式核電廠沒發生過類似事故（圖2-2-43）。

圖2-2-42　三哩島事故後，卡特總統進入核電廠、民眾示威。

圖2-2-43　三浬島事故後，二號機受損停擺，一號機續用，並延役20年，直到2034年。

(2) 車諾比事故

車諾比事故主因是蘇聯設計錯誤，例如，緩和劑使用石墨（美式則用水當緩和劑），但它像煤炭容易燃燒，而釋放大量火焰與煙霧，夾帶放射性物質擴散飛揚。車諾比反應爐危險，為何蘇聯要建造？因產生核彈用鈽，也產生電力。因鈽的產量

和「鈾-235與鈾-238比值」成反比,則可大量產生鈽;其次,為維護「武器級」鈽燃料濃度,在反應爐中不要超過30天,而車諾比反應爐就配合此目的。西方反應爐的燃料放在容器中,需要1個月時間關掉反應爐、開啟反應爐、抽換燃料。因此,西方反應爐不適合生產武器級鈽。但在車諾比,1,700支燃料棒的每一支均包裝在單一管子中,不必關掉反應爐而一次打開一支(抽換燃料),相當方便,因此,車諾比適合生產武器級鈽。另外,為了抽換燃料,需要相當的空間和操作,像美式反應爐安置在圍阻體中,就空間狹窄而又很不適合操作,所以,車諾比就無美式圍阻體的安全保護。

搶救的消防隊員遭受很高的輻射劑量,主要來自放射性物質附著在他們身上,也受到高熱與化學燙傷;最嚴重效應來自皮膚上的貝他射線,如果他們穿了防護衣就可防止,事實上,當初若他們注意到移除身體暴露部位皮膚的黏附(放射性)物質,傷害大可減低(圖2-2-44)。

圖2-2-44　車諾比事故後,示威者擺出罹難者照片。烏克蘭與蘇俄總統獻花致祭罹難者。

車諾比事件顯示美式反應爐爲正確的設計（幾乎所有蘇聯集團以外的核能電廠均用美式設計）。西方協助改善蘇式設計後，至今均無類似事故發生。

(3) 福島事故

日本福島核電廠設計沒有考慮到當地的地震海嘯歷史紀錄，例如，此次海嘯高達14公尺，此紀錄在公元869年即已有，但福島核電廠只有5.7公尺而被淹沒。

其次，反應爐缺水冷卻時，不要顧慮反應爐後續使用，盡快放入海水，福島事故就不會發生，避免導致2萬人死亡的龐大天災。近40歲的福島電廠承受著超過其設計基準的衝擊，卻沒有造成任何人因輻射而亡。但因醫療或設備，全球每年2～4個輻射死亡案例；在同一週，有30位煤礦工人死亡；2012年1月，日本北部大雪，因鏟雪事故死亡50人；社會均視若無睹。

2013年，世界衛生組織報告《健康風險評估：2011年東日本大地震與海嘯後的核子事故》總結，不論日本或外界，並無人會因福島輻射致死（日人預期壽命89歲，圖2-2-45）。

著名英國媒體專欄作家蒙必爾（George Monbiot）提到，原來對核能持中立看法的他，因福島事件，轉爲支持核能。因爲在如此超出想像的天災中（2萬人死亡和失蹤、多處大火），一個近四十年核電廠承受著超過其設計基準的衝擊，發生嚴重事故，但無人因輻射而亡。其實，女川核電廠更近震

央，但位置高而沒受海嘯影響，當地居民還在該廠內避災數個月（圖2-2-46）。

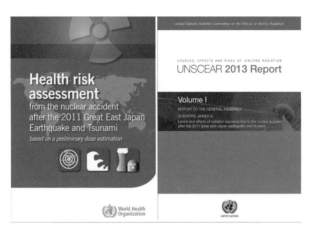

圖2-2-45　2013年，世界衛生組織報告《健康風險評估：2011年東日本大地震與海嘯後的核子事故》與《聯合國輻射效應科學委員會報告》，均指出，全球無人會因福島輻射而死亡。

圖2-2-46　女川核電廠（中）比福島核電廠（右）更近震央，但沒事。

　　院士擔心三哩島、車諾比、福島三核電事故重演，不知核電業已學得教訓，不會重複類似事故，這正是人類文明進步的

動力。今天的核工界已把安全提高到相當高層次，美英法持續發展，連沙烏地阿拉伯等中東產油國，也知其油氣即將耗盡而發展核能，但臺灣反核者只知恐慌而要廢核。

(4) 細究車諾比事故

2012年，曾任聯合國原子輻射效應科學委員會（UN-SCEAR）主席解沃洛斯基（Zbigniew Jaworowski，圖2-2-47），於〈車諾比核災與世人的認知〉文中指出，車諾比事故（圖2-2-48）時，因1954年以來的世界核子試爆，多國已設立高靈敏度監視系統，偵測落塵，結果，即使遙遠角落的車諾比落塵，均得紀錄。車諾比許多放射性核種進到大氣中，但比起核子試爆的總釋放量，不到兩百分之一。車諾比事故後第一年，北半球居民受到的平均劑量約為0.045毫西弗，而為全球平均自然輻射劑量（每年2.4毫西弗）的1.9%。事故後10年的

圖2-2-47　聯合國原子輻射效應科學委員會主席解沃洛斯基。

圖2-2-48　車諾比核電廠位於烏克蘭首都基輔上方一百公里。

人均劑量，在最受汙染地區的烏克蘭是每年1.4毫西弗、白俄羅斯0.9毫西弗。相較於天然環境劑量，在伊朗拉姆薩（高達260毫西弗）等，更顯微少，但對居民並無害健康，甚至，高劑量區的罹癌率，低於低劑量區的；就如在英美加，二十萬核子工作者暴露於輻射，但總罹癌死亡率約為控制組的27～72%。

車諾比事故後，總共134人受到很高劑量，31人不久過世，103倖存者中，19人在2004年之前過世，大部分源自肺壞疽、冠狀動脈心臟病、結核病、肝硬化、脂栓等，實在很難說是輻射造成。因這103位倖存者的死亡率為每年1.08%，低於白俄羅斯、蘇俄、烏克蘭三國民眾平均死亡率1.5%。

(5) 民粹無知更傷人

最無理、昂貴、有害的作為，當數從車諾比「汙染區」撤離336,000居民，在此一生（70年後）的總劑量約增6毫西弗，相對地，平時當地人一生所受劑量為17毫西弗。

蘇聯科學院院士與輻射專家伊勒因（Leonid Ilyin）指出，因為民粹、自認專家等的堅持，才違反最佳蘇聯科學家的意見而大量撤離。

事故當天（1986年4月26日），危險的輻射劑量涵蓋廠區西南方1.8公里，無人煙的地區約0.5平方公里，撤離普里皮亞季（Pripyat）和亞諾夫（Yanov）兩地49,614人，距離廠區3公里，事故當天劑量約每小時1毫西弗，隔兩天約為百分之一。

此兩地的撤離有其科學根據，但其餘居民的撤離則不合理。

2000年聯合國原子輻射效應科學委員會、2006年聯合國車諾比論壇（8個聯合國組織加上世界銀行、白俄羅斯、蘇俄、烏克蘭），均指出，除了高度汙染區的甲狀腺癌外，事故並沒增加實體癌與白血病，也沒增加遺傳疾病。事故後20年，兩組織均指出，罹患實體癌的人數，全蘇聯比事故救難者多15～30%；全蘇聯比布揚斯克（Bryansk，最受汙染區）多5%。

2000年，聯合國原子輻射效應科學委員會指出，車諾比落塵並沒增加出生缺陷、先天性畸形、死產、早產兒。

2002年，4個聯合國組織（聯合國環境計畫署、世界衛生組織、聯合國兒童基金會、聯合國人道事務協調處）提報，改善車諾比事故的幾十億元，大部分錯用了。這些錢不但沒幫忙7百萬「車諾比災民」，反而讓他們陷入心理災難。「災民」願意失去其大量資助（約每月40美元）[5]嗎？如何向他們解釋，他們是被洗腦爲犧牲者？而大規模撤離爲不負責的錯誤呢？二十年來他們受到不必要的心理創傷呢？

(6)「爲何臺灣人這般無見識與好騙？」

國人三不五時，找外人來臺宣導，此時即可見「水準」，

---

[5] 2016年11月，主婦聯盟環保基金會賴董事長對《新新聞》說，福島農民心情矛盾，因嚴格種植與檢驗農產品以確保消費者的安全健康，但若其農產品安全，東京電力公司就可不必再繼續賠償農民。

包括國人的科技認知、外人的真正能力。例如,反核者找日本小出裕章來,但他在日本幾無可信度,他到師大附中宣稱「假設核四輻射外洩,死亡將達三萬人,另七百萬人罹癌」,居然信徒滿堂。前美國核管會主席亞滋寇(Gregory Jaczko,在美國核能界幾無可信度)來立法院說,「美國核電廠將在15年內全數除役、核能工業也逐漸消失」等,也很可笑,因美國八成核電廠延役20年、核能工業穩定成長。

洋和尚(東洋與西洋)會芳心暗喜:「為何臺灣人這般無見識與好騙?」

(7)「湧向臺灣的日本反核人士說法並不正確」

2013年6月24日,臺北「福島事故後的日本現況論壇」,講者為畢生研究反應爐安全的石川迪夫、讀賣新聞主筆中村政雄、長崎大學原爆後遺症醫療研究所高村昇(圖2-2-49)。

石川迪夫參加日本幾乎所有核能電廠事故檢討委員會,

圖2-2-49　來臺經驗談:由左至右為石川迪夫、中村政雄、高村昇。

並代表日本參加三哩島事故、車諾比爾事故國際性調查。他說湧向臺灣的日本反核人士說法並不正確，例如，福島事故並沒有人因輻射死亡。中村政雄在四十年的記者生涯中，深深瞭解媒體的威力，媒體是否能提供正確而沒有偏頗的資訊，攸關國家的安全，媒體為「迎合大眾主義」常會偏頗，他和有志者於1997年發起成立「核能報導辯正會」，努力導正核能報導。

　　日本政府以每年1毫西弗的暴露劑量，當做安全與危險的界限，是招致「謠言導致災害」的主因。國際放射防護委員會建議，在受災地的復原過程中，容許每年20毫西弗為限，若非當時環境大臣強調要除汙到每年1毫西弗以下，就不會造成現在日本仍有16萬名避難者「歸家之路迢遙」。

　　　　　　　　　—— 中村政雄，資深讀賣新聞主筆，2013年

　　輻射防護專家高村昇教授表示，福島輻射曝露與對於健康影響的資訊不足，引起社會的混亂，尤其在剛發生事故時，成為電廠附近住民不安的重要因素。

12. 權衡利弊得失

　　日本核電廠輻射外洩，媒體爭相以「輻射來了」恐嚇民眾，其實，我們天天都曝露在不同強度的輻射中，吸二手菸、宇宙射線、蔬果等。更需瞭解的是，我們天天面對無數的風

險，即如走路風險高（2011～2013年，我國行人死亡764、受傷44,024）、遑論騎機車（死亡3787、受傷862,430）；抽菸者在每支菸中吸入放射性釙-210（阿伐放射源），每天抽一隻菸相當於一年10次胸部X光檢查；反核者均不吭聲，卻要求核電廠零風險。其實，在臺灣最大的健康風險，是吸菸、嚼檳榔、不運動、騎機車、肥胖、酗酒，不是核電廠。

2011年，聯合國聯合國原子輻射效應科學委員會的車諾比事故報告指出，疏散（加上誇大的輻射威脅）導致的傷害遠多於輻射。為何日本政府沒記取該教訓？日本放射線影響研究所理事長大久保利晃說：「跟福島釋放的劑量相比，抽菸的危害更大；若進行疏散，所引發的焦慮也比輻射來得嚴重。」

三、電磁科技的福祉與風險

2005年11月25日，臺灣環盟會長C教授，宣稱「臺灣籠罩在輻射災難中」，要求「高壓電纜、行動電話基地台退出校園住宅區」，並指環保署訂定的電磁波建議值過於寬鬆，例如，美國加州的磁場標準值僅0.1毫高斯，而臺灣833毫高斯，政府罔顧國人健康。

但C的宣稱均不實，例如，人類一直生活在電磁環境中、美國國家沒訂磁場規範值（加州並無標準值0.1毫高斯）、國際規範2,000毫高斯；居然攪得社會七葷八素的，她也成為媒

體寵兒。也許「報應」的是，有人發現，C以高斯計（而非頻譜儀）測量基地台電磁波，可知她是大外行，連電磁波的分類與特性（圖2-3-1）也不解，卻好發恐慌之論。

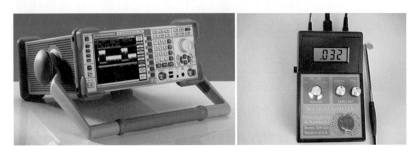

圖2-3-1　頻譜儀測量電信電磁波、高斯計測量磁場。

反電磁波者深諳操作之道，包括三不五時爆料、震撼社會（當業績以募款），例如，2016年5月，反電磁波者提供某報線索，結果，該報頭版大肆報導「全臺30座變電所電磁波最強」、「不時聽說鄰居罹癌」、「恐怖！」、「驚！」、北醫大CW教授說「電磁波恐危害人體中樞神經、生殖系統」等。引起其他媒體競相嚇人。其實所報導的電磁波強度，均遠低於世界衛生組織的安全規範2,000毫高斯，所有的驚悚形容詞、罹癌、危害生殖等，只是「設局」恐嚇。

1. 文明因用電而飛躍

今人使用資通產品，如具千里眼、順風耳，實煞羨古人：

「採之欲誰遺，所思在遠道」；「天長路遠魂飛苦，夢魂不到關山難」。

古希臘人發現了琥珀等摩擦可以生電，英文electricity（電），就來自希臘文的琥珀。1752年，美國富蘭克林在大雷雨中放風箏，把天上的電，收到電容器中，證明天上的電，與摩擦出來的電一樣。1785年，法國人庫倫發現電荷間：「同性相斥，異性相吸。」

一直到十八世紀中，電磁似乎只是一種新奇的玩具。科學與藝術一樣，起步時都有遊戲性質。但到了後來，其產生的結果，竟然改造了世界。

——陳滌清，中央大學物理教授，2002年

1820年，「電磁學」的始祖、法國物理學家安培發現電流可產生動力，而為後來電馬達、電報，電話基礎。英國皇家研究所所長法拉第舉辦成果展，英國財政大臣參觀，看到表演火花放電以娛倫敦民眾，便問：「你花了政府這麼多錢，就為了表演？」法拉第笑答：「你將從中抽稅。」（圖2-3-2）

1886年，德國赫茲發展出發射、接收電磁波的方法，而為「無線通訊」的始祖。1896年，世界首座規模發電廠「尼加拉水力電廠」開始發電，開啟世界電化的序幕（圖2-3-3）。

圖2-3-2　法國物理學家安培、英國皇家研究所所長法拉第。

圖2-3-3　德國赫茲開啓無線通訊。英國馬克士威整合電、磁、光。

(1) 電磁波有無限多種

　　民眾和媒體所說的「電磁波」，在科學上稱爲「電磁場」，由電場和磁場組成。電磁波是連續的（無限多種），從振動頻率極低到極高。它很抽象，但生活中有具體例子，就是「光」，首由英國馬克士威（James Maxwell）1861年提出「光是一種電磁波」。

　　電磁波與生物的作用，和頻率有關。極高頻率的X光（波長低於100奈米），具備足夠能量「打斷化學鍵」，稱為「游離」，會導致化學變化和病變。在較低頻的部分，諸如可見光、無線電、電力，電磁波的能量遠低於打斷化學鍵所需的，稱為非游離。兩者的分界在紫外光。就像丟石頭過河（游離），力道不足（頻率低）的話，丟再多石頭也沒用（無法游離）。因此，若擔心無線電和電線的電磁波會導致癌症等病變，只是自找麻煩。

　　這裡解釋的是非游離輻射。我國拿來應用的部分電磁波，包含極低頻60 Hz（赫茲），用在電力傳輸；高頻的900或1800 MHz（百萬赫茲），應用在手機和基地台；稍高頻的2.45 GHz（十億赫茲），應用在微波爐；2.836 GHz（十億赫茲），應用在氣象雷達（圖2-3-4）。

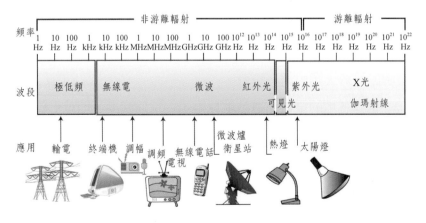

圖2-3-4　電磁頻譜：電力與電信等非游離輻射、核電的游離輻射。

2. 天然的電磁波

民眾害怕上述的電磁波，認為電力業、電信業、氣象局等，罔顧人命，罪大惡極。

但自然界就有電磁波，例如，遠從亙古外太空來的電磁波，包括陽光和無線電；因光的頻率遠大於電力與電信電磁波，因此，其電磁波遠為強大。地球就是個大磁場，地磁約300～700毫高斯，每天約0.2～0.5毫高斯的變化。月球的重力會造成地磁0.1～0.2毫高斯的變動。

在極低頻，電場容易隔絕而不易對人產生影響，但磁場則相反，它會在人體內產生感應電流，因此，我們注重外界的磁場。然而，人體本為「發電機」，體內電流可由腦波圖和心電圖得證。人體神經和肌肉活動會自然感應電流，約每平方公尺1毫安培，通常遠比外界高，例如，高壓電線在1毫高斯時，感應人體內約電流約每平方公尺0.001毫安培，亦即高約一千倍。另外，人體內的電雜訊包括「詹森雜訊」，來自體熱於細胞中產生，其電場約每公尺0.02伏特，此值約500倍，遠大於電線磁場於人體內誘發的量。

世界各地的雷電，導致地球電場的快速變動，地球上經常遭受雷電的地區，並沒有異常多的孩童白血病等症狀。

(1) 誰開啓電線磁場恐慌？

1970年代，失業中的美國流行病學家威海莫（Nancy

Wertheimer，圖2-3-5），與物理學家李柏（Ed Leeper）合作。
1979年，他們宣稱住在高磁場的兒童，得到白血病的機率，是
住在低磁場的1～3倍；結果，開啓電磁恐慌，因訴訟案滿天
飛，媒體用掉許多資源力陳電線的危害，測量磁場的生意旺
盛，各式各樣唬人的護具紛紛出籠，聳動者的書暢銷無比。總
之，導致嚴重的社會驚駭和經濟損失。

但該研究存在嚴重的缺陷，例如，缺乏「隨機取樣」，因
她已知患者的住址；其次，居家磁場的大小是用估計的，而非
實際測量。沒使用雙盲方式，易於造成研究者的偏差；「高」
磁場和「低」磁場如何界定呢？因爲兒童白血病是稀少的疾
病，在樣本數字不多的情況下，高與低磁場組的定義和人數稍
有不同，就足以改變結論。

其實，經由分子、細胞、全動物等三層次的研究後，整體
的證據並未顯示暴露於電線電磁場危害人身健康。

(2) 安全規範呢？

世界衛生組織旗下的國際非游離輻射防護委員會（圖2-3-
5），制定安全規範的步驟是：(1)找出科學界一致地公認產生
健康效應的量；(2)嚴縮10倍，當作職業工作者安全暴露值；
(3)再將職業暴露值嚴縮5倍，當作一般民眾安全暴露值。結果
是非常保守的規範，因爲保護民眾的安全係數高達50倍。

圖2-3-5　美國流行病學家威海莫（左）。國際非游離輻射防護委員會
　　　　前後任主席雷帕丘立（右）（Michael Repacholi，左後）、貝
　　　　契亞（Paolo Vecchia，右後）。

　　舊的世界衛生組織安全規範值為833毫高斯；2010年，更
新為2,000毫高斯。因安全係數為50倍，亦即要高達10萬毫高
斯，才觀察到健康效應。一般環境的磁場，幾乎不可能高達10
萬毫高斯，因此，民眾哪需擔心電力電磁波？例如，家電距離
1公尺時，冰箱約2毫高斯，洗衣機約5毫高斯。

　　對於癌症和電線之間關係的臆測，並無科學根據。社會資
源被改用到消除「沒有科學證據的威脅」，實在令人遺憾：對
美國大眾的負擔成本根本不能和其風險（若有的話）相比。
　　　　　　　　　　　　　　　——美國物理學會，2005年聲明

3. 磁場引發癌症嗎？

2002年，國際癌症研究署（主要倚賴流行病學方法），將極低頻磁場，歸爲「懷疑致癌物」（2B類），又說磁場強度超過3至4毫高斯，兒童罹患白血病的風險加倍。

但國際癌症研究署的「上司」世界衛生組織，在2007年發布第322號文件〈暴露於極低頻電磁場〉：極低頻電磁場和兒童白血病無關，理由是(1)流行病學的研究方法[6]潛藏偏差，會削弱其研究證據的可信度；(2)無公認的生物物理機制，可解釋電磁場與癌症發展的關係；(3)動物實驗結果，大致上未能證實兩者關聯。因而，世界衛生組織的結論爲「權衡整體的證據，不足以將兒童白血病和極低頻電磁場關聯」。

另外，第322號文件聲明支持由國際非游離輻射防護委員會標準，既然2,000毫高斯值得信賴，民眾何需擔心4毫高斯這麼低的劑量？可知害怕4毫高斯只是自作孽；何況，如上述，其所感應的電流遠低於人自身產生的。

增加毒物暴露會增加風險，例如，抽菸越多，得到肺癌的風險就越高。但至今研究結果，並沒顯示量測得磁場和致癌之

6　流行病學方法難以控制「干擾因子」等，其結論可能有篇頗；它可猜測有關或無關，但難提供決定性的證明。世界衛生組織指出，流行病學的研究方法潛藏選擇偏差（缺隨機取樣）等問題，會削弱其研究證據的可信度。需佐以動物實驗、致病機制等證據。

間，存在統計顯著的劑量與反應關係，這是大多數科學家不信任「電力線致癌」的主因。其次，根據生物物理學，人體自產電流，要說一般環境的電力電磁場危害健康，實在不可思議。

(1) 美國國家科學院澄清「致癌說」

1999年，美國國家科學院在受託評估環境衛生科學研究所的報告之後，指出活體實驗並不支持電線電磁場引發或促進癌症，而且，缺乏致癌的有效和複製效應證據；因此，美國國家科學院建議，以後不再資助電線電磁場的健康效應研究（「受夠了」），也聲明其1997年的研究結論「並無證據顯示極低頻電磁場有健康效應」，比環境衛生科學研究所的結論「極低頻電磁場爲懷疑致癌物」更精確。

既然美國國家環境衛生科學研究，和國際癌症研究署使用相同的流行病學資料，也以相同的標準判斷資料，結論又一樣，則可知，美國國家科學院對美國國家環境衛生科學研究結論的評論，同樣適用於國際癌症研究署的結論，亦即，不同意「極低頻電磁場爲懷疑致癌物」。

美國國家科學院報告指出，白血病明顯地和年齡有關：發生率在1歲時偏低，2～3歲時達最高峰，在7～8歲時低到水平線附近；此種明顯的年齡關係，咸認爲白血病是感染源所致，來自特定但未明的感染物，或出生後各式感染的總結。本世紀以來，每人平均耗電量劇增（近50年來約增20倍，暴露於電線

和家電等的電磁場也約增20倍），若會致癌，應可看到兒童白血病的盛行，但實際上，沒證據顯示此情況（圖2-3-6）。

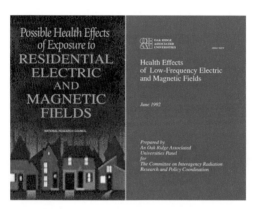

圖2-3-6　美國國家科學院報告（1987年）聲明居家電磁場安全、美國總統委託報告（1992年）聲明不用擔心環境電磁場。

(2) 反對者如何解讀世衛文件？

　　2007年，C教授說：「世界衛生組織今年發表低頻電磁波322號專文，提出全歐洲住宅內之平均低頻電磁波為0.7毫高斯，此即是歐洲國家普遍訂定低頻電磁波防範規定，而非以環境預警標準1000毫高斯（臺灣為833毫高斯）為安全標準。」其實原文為「住宅區的平均磁場強度……在歐洲大約是0.07μT」（0.7毫高斯），只是說歐洲住宅區的平均磁場，居然被她解釋為「普遍訂定低頻電磁波防範規定」，甚至加油添醋地說歐洲不是以「環境預警標準」1000毫高斯為安全標準，其

實，並無「環境預警標準」這用語，諸如德國等歐洲國家，普遍採用1000毫高斯。

2007年1月19日，C放話，若有人願在833毫高斯環境一整天，可獎賞金牌一枚，因「可能導致休克危及生命」（某電視台還來問筆者，833毫高斯是否那麼可怕？）。則2,000毫高斯（2010年起的世界規範值）豈不悽慘？其次，國際規範使用50倍的安全係數，職場工作者的規範為一般民眾的5倍（10,000毫高斯）；若依她說法，則職場工作者全「完蛋」啦？第三，世衛在205號公報中，提到自願者在數小時內，接受強度達到5萬毫高斯的極低頻電磁場，但他們諸如血液變化、心電圖、心跳率、血壓、體溫等，臨床和生理表現，幾無影響。

2011年3月，她對媒體表示，國際非游離輻射防護委員會所訂的限制值，是指瞬間暴露限制值，國際非游離輻射防護委員會未訂低劑量長期暴露限制值，所以台電不應拿瞬間暴露限制值為安全標準。依其邏輯，難道世界衛生組織所訂「自來水中含氯」等各式規範，也是「瞬間暴露限制值」？

(3) 張大千的長鬍鬚

前國畫大師張大千留著長鬍鬚，每天晚上自然入睡。有一天，朋友問他，睡覺時鬍鬚放在棉被裡面或外面？當天晚上睡覺前，他開始注意此問題，將鬍鬚放在棉被裡面好呢？還是放在外面好呢？傷腦筋的結果是他當夜失眠了。

民眾擔心電線電磁場的情況類似，原本生活好好的，有一天媒體開始放送電線電磁場有害的新聞，民眾就開始煩惱，一旦上心頭就難下心頭，於是心神不寧到影響身體健康，亦即「身心交感」。

民眾受到誤導時，一有病痛就歸罪於電線電磁場，不尋求醫療找出正確原因，反而會傷到自己。就如醫學上「反安慰劑」（nocebo）可讓人憂慮成病；生活在錯誤認知的陰影下，傷害身心頗大。國際非游離輻射防護委員前副主席海葉特南（Maila Hietanen，圖2-3-7），是電磁過敏症專家，她指出，並無證據顯示自認電磁過敏者，具有生物學上的根據；應只是心理因素。

諸如台大CH教授等，宣稱世界衛生組織同意有電磁過敏症（第296號文件），卻沒提及該文件的下一句：「沒有科學根據可將電磁過敏症和電磁波關聯」，而一再宣稱電磁波導致電磁過敏；環團還拉民眾上媒體秀症狀。

4. 現代「順風耳」受難記

古人以為有「順風耳」，遠處即可聽到別人的話，但這事不能當真。倒是現代手機（圖2-3-8），幾乎無遠弗屆，但它需基地台輔佐。正當我們慶幸行動通訊的方便時，卻殺出程咬金「手機基地台電磁波有害健康」。

圖2-3-7　國際非游離輻射防護委員前副主席海葉特南。

圖2-3-8　發明手機的美國摩托羅拉公司庫珀（Martin Cooper）。

　　例如，2006年，網路流通「手機發明者之一S教授的良心告白」：他是交大教授，再三強調關於手機的危險性，他引用美國目前研究的數據：人類如處在2毫高斯，就會有不好的影響，他在國家實驗室所量的結果可以到達1到2萬毫高斯。他舉一個在日本的朋友為例，他每天跟女友用手機聊天超過8小時，結果到了第三天就掛了。他有個朋友在大陸經商，用了五年的手機，最近竟然在耳朵到臉頰的部分出現了癌細胞，分布的形狀就是一個手機的形狀。你還敢用手機？

　　其實S教授並非手機發明者之一，只是他設計的晶片和手機內的晶片有些關係。所謂「手機超過了儀器的上限1000毫高斯」，可知和C教授一樣，分不清電力極低頻和電信射頻，測量的儀器和單位不同。他說「美國目前研究的數據：人類如處在2毫高斯，就會有不好的影響」，不知出自何處？至於每天跟女友用手機聊天超過8小時，第三天就掛了，大概是過度長

期興奮?或被電話帳單「嚇死」的?至於臉部癌細胞分布是手機狀?但手機機殼周邊(形狀)並不放射或接收信號。

(1) 不解科技引發恐慌

2011年7月13日,某雜誌文章說,防止手機電磁波,戴耳機可防輻射不斷「煮」你的腦袋;許多醫生依舊關注手機和生殖系統乳癌間的關連;全文還經成大L教授審稿。

臺灣地狹人稠,採用國際非游離輻射防護委員會之行動電話基地台電磁波防範標準……過於寬鬆,無法保障民眾健康。建議國家通訊傳播委員會採用許多國家已行之有年,如瑞士、義大利、俄羅斯……等國家或地區等,相關大哥大基地台電磁場暴露標準。

—— 臺灣環境保護聯盟,2006年

臺灣反電磁波者,諸如C教授、台大CH教授、公害防治N主任等,其實對電波的健康效應不解,或一知半解,但好發議論,弄得國人恐慌。

的確有幾個國家的限值比國際非遊離輻射防護委員會的低,譬如瑞士和義大利。但是這些不是根據科學,而是由極端份子和競選議題所炒作出來的政治決定。……我查證了澳洲、

加拿大、德國、紐西蘭，發現低限值並非事實，它可能是極端
份子提議的限值的記錄，但該國不採行。中國和俄國多年來有
極低限值，世界衛生組織並不認同。

—— 周重光（圖2-3-9），2006年

由以上引述，可知反電磁波者只知尋找其需要的「少數走
極端」國，排除「多數依科學數據」國，又缺乏求證，猶如雞
毛當令箭。

(2) 手機鈴響時、快沒電時

手機鈴響後後第二響才放耳邊（因接通時輻射最高）嗎？
有何科學根據？

通訊系統送出尋呼要求給手機，有人撥號給它了，尋呼
的時間點很要緊，因為大部分的手機不用時，是處於睡眠狀態
（省電模式），通訊系統和手機是同步的，以便在特定時間
「空檔」（手機會醒來接收訊息，但若無訊息它就回去睡覺）
溝通。手機收到尋呼後，會在同一頻道上回應已收悉。通訊系
統會送兩個連續訊息給手機，一是收悉（收到手機的收悉信
號），二是指派溝通（聲音）頻道給打電話者用。手機收到此
兩訊息後，改變頻道，送出收悉信號通知系統，它已準備妥當
可以通話了，就是在這些短暫訊息（約幾毫秒）中，功率稍
高。

此峰值功率約2～3瓦，然後，手機才開始鈴響，這時，手機的電磁波強度已回到一般強度（通常手機的輸出功率是0.25瓦）。因為通訊系統需要確定手機使用正確的頻道，稍高的起始強度是需要的。所以當聽到手機響起時，那幾毫秒已經早就過了，因此沒有必要將手機拿遠點。知道手機運作原理之後，就知那麼做會有點可笑。這些功率值均很小，遠遠小於常用電燈、陽光等。

在收訊不良的地區，手機需要發出更強的射頻功率以連線，但不管多強，手機的比吸收率值是在最大功率時測試的，而其比吸收率值必須在安全規範（限值）之內。手機在快沒電時並不會發出更強功率，因為那種設計只會加速耗電，業界和使用者也不會喜歡，何況並無那種科學事實。

(3) 兒童可使用手機嗎？

世界衛生組織和國際非游離輻射防護委員會一再表明，安全規範是保護所有人群，包括小孩子。例如，2006年5月，世界衛生組織發表「孩童和手機：澄清聲明」，因為2005年有個世界衛生組織會議提到審慎原則，讓媒體報導世界衛生組織改為保守、隱含有害。其實，只要在國際非游離輻射防護委員會標準內，並無證據顯示無線電波對兒童健康有害。

兒童使用手機爭議的故事，源自2000年英國政府的報告（猜測若有未知風險，則年輕人比成人更受影響），這引起軒

然大波，於是英國政府又組計畫，在2007年提出報告，結論是手機並不導致健康效應。美國食物與藥品檢驗局網站聲明，並無科學證據顯示使用無線電話會導致使用者（包括兒童和年輕人）危險。荷蘭政府（衛生委員會）2004年特地發表報告，言明並無科學理由限制兒童使用手機；重要的是，手機在兒童緊急時可成為救命的工具。法國政府（衛生部）2008年也有類似的聲明。自從2000年，至少30個專家與政府報告聲明，不論使用者年齡，在國際規範下並無手機的健康風險。

5. 手機是否致癌？

2011年5月31日，國際癌症研究署宣布，將手機射頻電磁場歸類為2B級可能致癌物[7]。但不到一個月的6月22日，該署上司世界衛生組織，發布第193文件〈電磁場與公眾健康：手機〉指出，「到目前為止，使用手機，沒有證實會對健康產生不良的影響。」民眾不知此轉折故事，反電磁波者又宣稱是世界衛生組織訂為2B，讓民眾噩夢陰影揮之不去。

---

[7] 2011年10月，英國癌症研究中心回應，國際癌症研究署主要依據「病例對照研究」，詢問使用電話的習慣。納入包括瑞典腫瘤學家哈迭爾（Lennart Hardell）的研究，但哈迭爾的少量研究，認為手機與腦癌之間有關連，然而Interphone等的大多數研究，並沒發現使用手機增加癌症風險。哈迭爾研究的缺陷包括，個案組三分之一的患者由親戚幫忙回答問卷，而控制組則有十分之一代答。其次，遭受回憶偏差影響，因為受測者難以確定多年前作法、也許聽聞腦癌與手機的報導、腦癌可能妨害記憶。第三，難以置信的高問卷回收率。

　　早在2006年，世界衛生組織發布第304號文件〈基地台及無線技術〉聲明，基地台產生的射頻信號，不會對人體健康造成負面影響（圖2-3-9）。在公共地區（包括學校和醫院），基地台造成的射頻暴露值，通常只有國際標準的數千分之一；有媒體報導，在基地台附近有多人罹患癌症，但基地台分布甚廣，在基地台附近有多人罹患癌症很可能只是巧合，報導的癌症患者通常罹患多種不同的癌症，並無共通特性，因此基地台及無線科技不太可能是癌症的共通成因；長期的動物研究，均無法證明暴露在射頻訊號的電磁場下，會增加罹癌風險。

圖2-3-9　周重光測試電磁波的健康效應。

圖2-3-10　世界衛生組織建物屋頂設置基地台。

　　2013年，世界衛生組織發布〈手機與基地台有何健康風險？〉指出，一些科學家所提手機的健康影響，包括腦活動、睡眠模式等，但均不具明顯的效應。2015年，世界衛生組織聲明：「目前的證據反對低強度（低於當前的國際安全標準）電磁場的暴露，會有任何不良的健康後果。」（圖2-3-10）

手機與致癌之間無生物機制可解釋，因為手機電磁波能量太弱，只有光的五萬分之一，無法傷到DNA。

6. 電磁波議題「撕裂」社會

國人反對與贊成均有，例如，2012年，金門金湖鎮民眾，抗爭基地台，因「電磁波危害人體健康，已有5名住戶罹癌死亡」，籲請縣府公權力拆除。民眾穿白上衣寫著「我要生命、不要基地台」的黑字，後面有斗大「癌」紅字，並大呼「電磁波殺人」等。但2016年，《金門日報》指出，金門地區大哥大收訊差，造成生活品質嚴重受損。

2012年，屏東東港上千戶，手機響了要跑到屋外才會有訊號，當地居民的怪招是，把手機放在戶外的雨傘下，才不致於漏接電話。原因是一年前，當地居民聯合起來抗議基地台、拆台。2016年，新竹邱縣長抱怨，關西電信收訊差，因民眾動輒抗爭，但居民卻嫌沒訊號。

2014年，湖口鄉鄉長參選人質疑，電信業者說基地台不會影響健康，為何要以水塔偽裝？但2011年《國家通訊傳播委員會新聞》報導，基地台天線美化雖可減少民眾視覺及心理的障礙，然而部分民眾檢舉為違章建築，導致該美化設施遭地方政府拆除。

2014年，基隆市通訊不良，市府放寬公有建築設基地台，引起市議員反彈，質疑「百姓生命不值錢？」但2016年，台中

太平區住戶抗議4G變0G，生活和救護大受影響，原因是該地基地台遭抗爭而拆除。

部分媒體對於無線電磁波方面之物理常識不足，在未平衡求證之前，就大肆報導無線電磁波影響人體健康之負面消息等，使得基地台鄰近民眾捕風捉影，過度擔憂電磁波之危害而產生「鄰避情結」，因此近十年來投訴至本會之陳情抱怨函從不間斷，縱然各區監理處消耗大量人力物力，處理基地台之陳情與聚眾抗爭，卻仍無法消弭此一沉痾。尤有甚者，民間環保團體如早期的「環境保護聯盟」與現在的「電磁輻射公害防治協會」，對於此一議題常訴諸媒體，指控我國之電磁波輻射安全標準過於寬鬆，與先進國家有嚴重落差云云，更加深民眾的疑慮。

—— W科長，國家通訊傳播委員會，2011年

害怕基地台就要求拆台、要用手機就要求設台；此兩相反的要求，造成國家通訊傳播委員會與電信業者「精神分裂」。

2013年8月1日，公視報導，因民眾對電磁波的疑慮，一年至少有600個基地台被拆除。如果強制執行「開放公家單位設置基地台」，將有助於改善通訊。基地台在公有建物的占有率呢？681個可設點，只2%設立，此2%的一半以上，屬於交通部（宣導建設基地台的機關）。其他單位則藉口百出，例如，

國家公園說「爲免影響自然環境」，警察局說「擔心影響警民和諧」。難道國家注定分裂與浪費？

(1)「愛之適以害之」

反電磁波者，以爲基地台電磁波有害，就要拆除基地台，而自以爲護民。

例如，2007年4月5日，媒體報導〈NCC准基地台入侵校園〉，說臺中市府轉發國家通訊傳播委員會公文，到各國中小學校，要求各校「無正當理由」，不得拒絕電信業者在校內架設基地台，引發地方居民強烈反彈，因基地台有礙學童健康之虞，揚言若校方配合，不排除發動抗爭。結果，通傳會立刻發布新聞稿「絕未強制中、小學配合架設基地台」說明。

手機電磁波大小和手機與基地台的距離相關。根據蜂巢式通訊系統的運作方式，當行動電話開機時，會回應附近基地台所發射的控制訊號。一旦發現它所屬網路最近的基地台，就會主動連上網路，然後進入待機狀態，偶爾把更新的資訊傳輸到網路系統，直到要發出或接收訊號時爲止。當手機距離基地台越遠，訊號越差，手機的發射功率就會變大，電磁波就會越強；反之，當手機距離基地台越近，訊號越好，手機的發射功率就會變小，電磁波就會越弱。亦即，基地台被拆的結果，就是手機訊號變差，將會導致最接近人體的手機，所產生的電磁波變得更大。

其實，中小學附近不准建設基地台，只是使得其學生所受的電磁波越強，因為越缺基地台，信號就需越強。反對者以為拆台是護衛學生，其實「愛之適以害之」（若其電磁波傷人）。這又是反科技者，不解科技而「反效果」的範例。

7. 權衡利弊得失

電機電子工程師學會電磁安全主席周重光指出，全球超過半世紀的研究，目前證實的生物效應，在極低頻方面，只有在極高磁場中，產生的電刺激；在射頻方面，只有在極高強度電磁波中，產生的熱效應。因此，日常生活環境中，可說不用擔心電磁波的健康效應（圖2-3-11）。

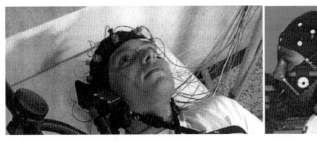

圖2-3-11　實驗制定電磁波的安全規範，也知居家環境電磁波量很低。

至於福祉方面，在電力上，電化的好處不勝枚舉。在無線通信上，舉凡找人、救難、驗證資訊等，也是造福人群；例如，1996年11月30日，婦運名人彭婉如搭計程車遇害，若在車

上，她曾以手機（大聲）通知家人「車號、司機姓名」，則應不會遭禍。手機基地台的風險與福祉相較，實在微不足道。

倒是「分心」會傷到人，就如法國2001年國家衛生報告所示，使用手機的唯一風險，就是分心，例如，駕駛中使用手機導致車禍傷亡。美國智庫「全國安全委員會」（NSC）數據顯示，2000到2011年，涉及手機的行人分心事故，造成1萬1千多人受傷，大多是女性，年齡40歲以下，最多的是走路講手機，收發簡訊占12%。其中80%事故是跌倒，9%是撞固定設施，傷勢包括脫臼、骨折、扭傷、挫傷、腦震盪。2013年，世界衛生組織發布〈手機與基地台有何健康風險？〉指出，開車時使用手機（無論是手持或「免持」手機），發生交通事故的風險可能約增三到四倍。

因大地震、風災水災等，災區通訊設備遭摧毀或洪水淹沒，延誤救災，因此，需將通信平台集中在不受災害影響高處（圖2-3-12）。其中一處是屏東縣林邊鄉林邊村，但居民對電磁波有疑慮，又說從選址到興建都未徵求地方同意，反對設立。曹縣長確認此長遠福祉，努力與地方民眾溝通，飽受辱罵而甘之若飴。類似地，2016年8月，屏東交通分隊旁有基地台，員警同仁堅持「現無直接證據對人無絕對不利影響」而要拆台。諸如世界衛生組織的聲明不是證據嗎？至於要求「絕對安全」，只是強辯、恐慌時的藉口，例如，他的交通工具絕對安全嗎？居家或辦公室絕對安全嗎？三餐絕對安全嗎？

圖2-3-12　全國各高抗災通信平台、高雄桃源站、臺南南化關山站。

四、小結：為何不解科技者當道？

　　我國反對基改、核能、電磁波的領袖，誤解科技與其福祉，風險意識又過高，卻好發議論，媒體拱如「社會救星」，立委待如「科技專家」，但真正的科學家卻不受重用，正是「黃鐘毀棄、瓦釜雷鳴」。反科技者自認是為保護民眾與環境，其實「愛之適以害之」；其熱情堅持弄得社會蔓延恐慌。

　　諸如「自救會」等組織的成員，其心可憫，但很可能只是感性遐想，缺乏理性根據。反科技的領袖無力解析科技與其健康效應，只是讓這些民眾更陷於「悲情」、「自作孽」。

　　一些台大教授與醫生，帶頭反此三科技，誤導民眾信其光環權威，以為「台大庇護，反對有理」，促成今日多人抗爭。

他們缺乏所反對科技的素養，罔顧美國國家科學院等的優質聲明，只會引述「邊緣」科學家的意見，無力分辨資訊的正誤良窳。台大校訓「敦品勵學、愛國愛人」，這些台大人是該「勵學」了。

電機電子工程師學會周重光指出，臺灣的反電磁波現象堪為世界最嚴重的。其次，國人認為日本發生福島核子事故，臺灣就要廢核，豈不就像日本車禍就要臺灣廢車？第三，臺灣進口諸多基改食品，但又怕有害而不准種基改作物，正是雙重標準。為何我國不解科學者當道？

電磁波、基改、核能早已存在世界上，亙古綿遠；晚近現身的人類，為何恐慌哆嗦？又阻擋其「利用厚生」？

第三章　三雄橫掃科技

目前，對科技「意見甚多」者，包括環保者、媒體、立委「三雄」；他們可能自認愛護社會、善盡職責；不料，反讓基改、核能、電磁波三科技吃盡苦頭。

一、環保運動得失

環保是「舶來品」，臺灣工業化慢，環保運動也晚到。

人類的求生活動均會影響環境，就像興建水庫和疏濬防洪等。三雄幫忙當「門神」，為大家保護環境，實在可佩。

當前，巨大聲浪反對基改、電磁波、核能，主要來自三雄。但國內的反對者自國外抄襲許多餿主意，無力分辨正誤、奉為圭臬。

1. 環保者的初衷

18世紀，歐洲工業革命帶來環境汙染，促成環保運動。19世紀初，歐洲浪漫主義的特點之一，就是對生態環境的關注，例如，英國詩人華茲華斯（William Wordsworth，圖3-1-1），常觀賞英格蘭西北部的湖區（圖3-1-2），而讚美為「人人都有權利和興趣去用眼觀摩、用心欣賞的國家文物」。英國的維多利亞時代（約十九世紀後半），興起「回歸自然」運動，反

對消費主義、汙染（圖3-1-3）。

圖3-1-1　英國詩人華茲華斯、美國哲學家梭羅、美國環保先驅繆爾。

圖3-1-2　英格蘭西北部的湖區。　　圖3-1-3　工業革命加速環
　　　　　　　　　　　　　　　　　　　　　　　　境汙染。

　　1854年，美國哲學家梭羅（Henry Thoreau），出書《湖
濱散記》，鼓吹在自然環境中簡單生活。1892年，美國環保先
驅繆爾（John Muir），創建美國最重要的環保組織塞拉俱樂
部（Sierra Club）。自然的存在權與保育原則，成為近代環保
運動的基礎，但分兩派，一是純粹保護自然，二是管理自然而
為人所用。

人類不能也不該改變自然（de-nature）……在宏觀地球尺度上，我們的文化最好建立在世界已有的和諧中，而不是為自己而控制與重建原本充滿希望的地球。

　　──羅斯頓（Holmes Rolston III），美國科羅拉多州立大學哲學教授〈新環境倫理學〉，2012年

　　1949年，生態保育之父李奧波（Aldo Leopold）出書《砂郡年紀》，指出物種的生物權利和人類遵守和服從生態系的法則。書中提到，年輕時，他曾虐待動物的事蹟，後悔而「改邪歸正」（圖3-1-4）。

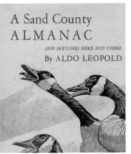

圖3-1-4　生態保育之父李奧波與其書《砂郡年紀》。

　　1962年，卡森著書《寂靜的春天》，質疑諸如DDT等化學品可能汙染生態或致癌（圖3-1-5）。結果，美國於1970年成立環保署，而在1972年禁止DDT的農業用途。另外，該書

喚醒環境意識和催生社會運動，包括環保團體綠色和平組織和地球之友。

圖3-1-5　噴灑DDT消除蟲害、美軍噴灑自救、DDT藥劑。

　　1971年創立的綠色和平組織，認爲公權力太軟弱；雖自稱「和平」，但破壞科學實驗田野作物實爲暴力（對植物施暴）。1980年成立的「地球優先」（Earth First!）組織，要求所有物種生存權，其口號是「捍衛地球毫無妥協」。

2. 以環保之名

　　2015年，科技界的大新聞之一是，夏威夷原住民抗議望遠鏡的設立。

(1) 天文設施褻瀆聖山

　　全球多國合作8年，預定在夏威夷大島莫納克亞（Mauna Kea）山頂（圖3-1-6），建造口徑30公尺望遠鏡，對遙遠天體的分辨率甚至比太空中的哈柏望遠鏡還高幾倍。

　　莫納克亞山頂海拔4200公尺，為世界上絕佳天文觀測位置之一，其乾旱氣候適合電磁頻譜的次毫米和紅外線區域。山頂在逆溫層上面，使得雲層在山頂之下，空氣乾燥，也沒空氣汙染，山頂大氣層異常穩定而無亂流。一年有3百天晴朗。早年曾立法，讓附近無光汙染，夜晚天空幽暗適於觀測暗星，例如，2015年，美國加州理工學院兩天文學家，預測海王星外，存在另一行星，便是由莫納克亞山頂8公尺望遠鏡尋得。

圖3-1-6　夏威夷大島莫納克亞山頂。其上已有較小望遠鏡。

　　歷史因緣是，夏威夷末代君王卡拉卡瓦（David Kalakaua，圖3-1-7），曾參訪位於加州聖荷西的利克天文臺（Lick Observatory，圖3-1-8），提到要為夏威夷添置望遠鏡的意願。1960年，海嘯襲擊希洛市（Hilo），夏威夷商會鼓勵莫納克亞山頂的天文建設，當成刺激經濟妙方。1968年，夏威夷政府提供夏威夷大學天文臺「望遠鏡半徑4公里圓圈」租約。

圖3-1-7　夏威夷末代君王卡拉卡瓦、統一　　圖3-1-8　美國加州利克
　　　　　夏威夷諸島的卡美哈美哈大帝。　　　　　　　　天文臺。

　　2014年10月，獲許建造30米望遠鏡，預計2022年啓用。但在2015年12月，夏威夷最高法院撤回許可。遠因是夏威夷君王在1893年被傾美國份子推翻，原住民受到壓抑，聽到更多美國國父華盛頓，而非兩百年前，統一夏威夷諸島的卡美哈美哈大帝（Kamehameha the Great）。

　　1980年代起，當地「保存莫納克亞山」運動（圖3-1-9），認爲天文設施褻瀆聖山，原住民以文化和宗教理由指

圖3-1-9　夏威夷「保存莫納克亞山」抗議者。抗爭領袖曼郭勒（右圖
　　　　　中央披衣青年）。

責,望向天空前,應先尊重當地。1999年,在參議員井上建強力協調下,兩方協商,建造者每年支付租金一百萬美元,也每年提供一百萬美元給大島的科技學生。

(2)「我們的祖先來自這座山」

　　然而,2014年10月,要動工時,新一代抗爭領袖曼郭勒(Joshua Mangauil)與同夥,揭示主權問題阻擋工程。不久前,曼郭勒到處鼓吹示威,「我們的祖先來自這座山,天空之父與大地之母,合創大島而莫納克亞山就是中心。此山是我們最老的手足,俯瞰我們每人,他收集雲氣、引導水,給我們生命。我家後面的河流來自這山,它一直是我的山。」他以臉書引發示威活動,他也加入夏威夷獨立建國活動。近期目標是停止建設30米望遠鏡,「為山的權利而戰」。年輕的他熟悉網絡串連,又邀演藝界明星造勢,更激發原住民對不公待遇的憤懣與部分人對「奪回自己國家」的渴望;結果,反對局勢竄升。

　　有天文學家說,「為何現在不歡迎天文臺?若現在抗爭者回到1964年,他們會有不同的決策嗎?我們一直照當初規矩來,哪裡錯了?」結果,反對者回應,「我們在祭禮中,重新發現靈性;你們需要調整,以便包括我們的祭禮。」

　　天文學家澄清,百萬年前,夏威夷火山創造出各島,兩千多年前,波利尼西亞先民在繁星的指引下,逐波跨海來到夏威夷。今天,天文學家深懷敬畏與好奇探究蒼穹奧秘,可說人心

亙古一致。抗議者陳述對傳統的依戀，要求「尊重祖靈居住的聖山」，但他們使用的手機與臉書，就是科技探索的結果，現在卻強烈反對天文科學家探索。

3. 經建與環保誰重？

自從十八世紀工業革命後，科技日趨複雜、難以瞭解，讓民眾易於焦慮。

於是，表達大自然綺麗與敬畏的浪漫主義，開始風起雲湧。浪漫主義強調直覺、單純生活，諸如英國詩人華茲華斯、布萊克（William Blake）等，認為工業革命帶來的變化，汙染他們珍愛的「完美與純潔」自然。

類似地，早期「回歸自然」運動，帶著浪漫思維，希望回歸烏托邦般農村生活，受到蕭伯納等文人推崇，反對消費主義、汙染、不利大自然的活動。該思維源自對都市生活的不滿，將農村理想化，包括無機器、花草遍地、彈琴作詩等。

其迴響包括，英國民間對抗工業革命，例如，1779年，英國織布工盧德（Ned Ludd），曾怒砸兩臺織布機，後人誤以為盧德領導反抗工業化運動，結果，將反對任何新科技的人稱盧德主義者（Luddite）（圖3-1-10）。

一些遭逢「大衰退」等經濟危機者，就可能比較不反科技。例如，美國蓋洛普公司民調顯示，自從2005年，美國人認同環保優先於經濟發展，已減少10%，相對的，認為即使環保

圖3-1-10 英國織工盧德不滿科技。後世神化他。

有些委屈,經濟發展優先,增加12%。又如,我國國光石化公司擬在彰化大城鄉,投資大型石化投資開發案,但在2011年因環保抗爭喊停,結果,該鄉農會總幹事訴苦:「大城鄉真是窮怕了,有了國光石化,多少還能領到一些補助金。不至於像現在,什麼都沒有。國光石化抗爭正熱時,全國各地湧來一堆環保團體,現在全都不見了。」

(1) 綠色走向政治

綠色運動的目標,在改革濫用自然資源的政策。綠黨是綠色運動的一部分。綠黨反對建立在對生態破壞上的經濟發展策略。綠黨常被批為反對基因工程等先進科技,但自認鼓勵「乾淨」的太陽能等科技。

2001年,在澳洲舉行第一次全球綠黨集會,72個國家800位代表,決定「全球綠色憲章」,所有綠黨應遵守「生態智慧、社會正義、參與式民主、非暴力、永續發展、尊重多樣

性」六基本原則。然而，對各地綠黨來說，全球綠黨章程是從「中央」發布，但綠黨的精神是地區化、草根力，此章程則像中央集權，如同獨裁。

在國內，1987年，「臺灣環境保護聯盟」成立，關注議題包括反基改、反電磁波、反核等。

(2) 思索「地球日」

4月22日是一年一度的「地球日」（圖3-1-11）。

1970年，美國兩參議員所發起「地球日」，鼓動全美多人遊行，促成美國國會加強環保立法。1992年，全世界141個國家響應地球日。2016年，「為地球而植樹」的宏願，目標是往後5年全球新栽78億棵樹。

1971年，聯合國通過3月21日為世界森林日。2009年，英國生態學家路易斯（Simon Lewis）團隊，於《自然》期刊文章指出，每一公頃的成熟森林每年固碳量平均增加630公斤；全球每年燃燒化石燃料所排放的二氧化碳，有5%是由原始熱帶雨林吸收。樹林生產氧氣、維護生物多樣性、儲碳（碳匯，carbon sink）。據聯合國統計，現在世界上已有50多個國家設立「植樹節」（圖3-1-12）。根據英國廣播公司，2015年，全球約3萬億棵大樹，與11000年前比較，人類活動已導致樹的數量減半；當前人類每年除去150億棵樹，只種回50億棵。

圖3-1-11　地球日。　　　　圖3-1-12　世界首度植樹節（1805
　　　　　　　　　　　　　　　　　　年）紀念碑。

「紅情綠意知多少，盡入涇川萬樹花」。漫步在森林裡，
空氣中窸窣細響，是樹木說話嗎？就如樹木年輪揭露當年環境
情況，霜雪、暴雨、雷擊、火吻等，在樹幹上留下的層層傷
疤，亙久地訴說種種自然的歷史。

(3) 一顆返回原野的心

科技進步與改變環境（包括減少病原），雖讓人更健康長
壽，但身為自然的一份子，人類仍然依戀自然。

美國作家傑克倫敦（Jack London）在名著《原野的呼
喚》（圖3-1-13）中，描寫一隻狗：「靜聽森林裡幽微的夢
語，某些神秘的騷動——那經常呼喚著它回去的聲音。……它
感到一陣狂喜，頓悟終於回應那呼喚，在廣大原野裡，頂著無
涯的天空自由奔馳。」生物為何嚮往原野呢？

圖3-1-13　美國作家傑克倫敦、名著《原野的呼喚》。

　　親自然似乎與生俱來，梭羅感性地表達：「人會傾聽本性裡遙遠，但恆久、真實的迴響。自然萬象指引我們，生命的逝去乃是另一新生的開始。」奧國音樂家舒伯特的名曲〈菩提樹〉（圖3-1-14）：「井旁邊有一棵菩提樹，我曾在樹蔭底下做過美夢無數……歡樂和痛苦時候，常常走近這樹。」東西輝映的是，田園詩人陶淵明：「採菊東籬下，悠然見南山。山氣日夕佳，飛鳥相與還。此中有真意，欲辨已忘言。」

圖3-1-14　奧國音樂家舒伯特、曾在樹蔭底下做過美夢無數的菩提樹。

親生命性（biophilia）指人類樂於親近各種生命的天性，也是想要探索生命，並和生命產生關聯的渴望，這是我們生命發展中深奧和複雜的程序……我們的存在需要仰賴這種性向，我們的精神領域由此編織而成，我們的希望崛起於其如潮水般的湧動中。

——威爾森（Edward Wilson）（圖3-1-15），

美國哈佛大學生物教授

圖3-1-15　美國哈佛生物教授威爾森提倡人的親生命性。

拓荒與探險者喜歡未知邊疆的挑戰與磨練，許多人不希望原始風貌全變成馴良；相抗與考驗增強身心的敏銳度，若無披荊斬棘，生命中的英雄氣質無法綻放。古來，人們習慣於疲憊憂傷時，到海邊山中尋求慰藉。自然萬物一直是人類言談、思維、故事、神話的要素。

(4) 從「公有的悲劇」到「回力棒效應」

1968年，在著名期刊《科學》上，美國生態學者哈定

（Garrett Hardin），發表文章〈公有的悲劇〉（圖3-1-16）指出，諸如空氣與海魚等公有資源會被剝奪或汙染，造成共有損失，「由最大人數所共享的事物，卻只得到最少的照顧」。

2012年，世界氣象組織發布年度《溫室氣體公報》指出，與1750年工業革命開始前相較，2011年的二氧化碳濃度增加40%，過去260年間，釋放了3750億噸碳至大氣之中，將停留在大氣中數個世紀，造成全球暖化加劇，衝擊地球上所有生命，而「未來的碳排放只會讓情況更形惡化」。世界銀行授權完成的報告《扭轉升溫趨勢》警告，除非對全球暖化採取更多的行動，否則全球溫度最快將在2060年上升4℃，則糧食安全堪慮（圖3-1-17）。

為了解決氣候變遷與全球暖化問題，全球一再召開協商會議與訂定合約，即使2015年聯合國氣候公約「巴黎協定」（圖3-1-18）時，包括南半球吐瓦魯等國悲情傾訴，海水上升面臨「滅國危機」，但全球近兩百國、許多組織等各式角力，即使對溫室氣體排放達成協議，會順利執行嗎？

對於公有的環境，利用者遠多於愛護者；在可預見的未來，地球將一直暖化；人類與環境的關係，已經超越「公有的悲劇」階段，而達「回力棒效應」（boomerang effect，回傷自己，圖3-1-19）地步。

圖3-1-16　美國生態學者哈定（左　圖3-1-17　聯合國跨政府間氣候
　　　　上）提出〈公有的悲劇〉。　　　　　　變遷小組會議。

圖3-1-18　2015年聯合國氣候公約195國「巴黎協定」。

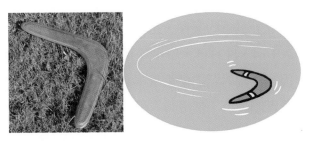

圖3-1-19　「回力棒效應」（回到自己）。

4. 評估的能力與心態

工業革命以來，環境受到影響；記取教訓，我們需要評估各式作為與技術。但評估者以何種態度看待技術或作為？

(1) 技術評估、環境影響評估

技術評估（technology assessment），主要是針對新技術，衡量各方的意見，因該技術將會影響社會。評估團隊宏觀檢視可能的福祉與風險等，將有助於決策的接受、修改、拒絕。1980年，英國阿斯頓（Aston）大學庫林立基（David Collingridge），於《技術的社會控制》書中提出「庫林立基（Collingridge）困境」，意指，一方面需等到該新技術廣泛實施後，才方便評估其優缺；但另一方面，若已經廣泛執行，則難以控制或改變該技術。

技術評估採成本效益分析，但不易客觀地執行，因牽涉主觀認定與價值判斷，包括非市場價值的衡量、各式倫理觀點，因此，不易「價值中立」；又可受到強勢者操縱。

重要的是，評估者需瞭解目標技術，而非想當然爾地滋生判斷。科學成分越重的案件，越需真積歷久的專家，通盤考慮而定策。2016年8月23日，環保署長出席青年影響力論壇，提到廢核，因福島輻射塵迫使東京都必須買礦泉水喝，實為不解科技，又受媒體誤導，然後再（思維）「汙染」其他人。

(2) 預警原則的善用、誤用

　　環保者常愛以「預警原則」阻擋諸如基改等新科技，自認有理。世界衛生組織認為預警原則的目的，在引入科技之前，預測和回應可能的威脅；但諸如「即使缺乏有害的證據，但也不表示其為無害，必須證明無害後才能將其引入」的詮釋，其實不可行，因無法證明無害。

　　英國物理學家與皇家學院院士竇伊契（David Deutsch）認為預警原則是盲目的悲觀主義，妨礙知識的發展。要如何避免激進人士濫用此一原則？

　　四十萬年前，人類發現火時，可想見贊成和反對兩派爭論（圖3-1-20）；若反對派贏了，今天文明就改觀。其實反對新科技，同時就是拒絕其福祉。應用預警原則就是注意某些風險，而忽視其他風險。提議預警原則者認為不實施新科技，就

圖3-1-20　反對用火者抗議（標語：環保、打倒用火、安全第一）。

會無風險嗎？例如，害怕基改者謝絕基改，以爲就無食品風險嗎？其實，他們不但妨礙科技創新及其潛在福祉，也延續傳統農作食物對人與環境的傷害。反基改者常焦注在假設的風險，其過度審慎也是風險、成本。

國際非游離輻射防護委員會前主席貝契亞指出，義大利和瑞士採用預警原則訂定規範，但其規範缺乏科學根據；但世界衛生組織的預警原則是不能傷到科學證據。2007年，台大某教授提議，將我國電磁場的規範值嚴縮成十分之一，世界衛生組織電磁安全前主席雷帕丘立反問，將國際安全規範嚴縮，有何科學基礎？有何保護效益？多年研究結果形成防護標準，隨意降低規範只是傷害這些成果，並且浪費資源。

5. 環保的理念與盲點

環保者要求愛護所有生物？理念堂皇但不堪細究，例如，保護瘧原蟲、天花病毒嗎？

自來水爲什麼要用氯處理？因爲擔心諸如霍亂等病原汙染，而用氯消毒。但加氯處理會產生三鹵甲烷等致癌物，結果這項憂慮導致抗爭「加氯處理」的運動。例如，秘魯眞的停掉加氯處理時，國內發生霍亂死亡達一萬人；就如秘魯的例子所示，以爲減少某風險時，是否產生其他的風險？

當然，完全不用農藥也能種出蘋果，但產量少。產量一

低，蘋果價錢就上揚，導致銷售量與攝食量下降；則糟糕的是，人們原可從蘋果得到的各種健康福祉，就沒啦。

—— 蘇瓦茲（Joe Schwarcz），加拿大麥基爾大學化學教授

類似地，美國有時在有機農產品中發生沙門氏桿菌中毒，來源為家畜的糞，內含大腸桿菌O157等病原。把家畜的糞當有機肥灑在有機作物，病原可能附著於蔬菜。比較化學肥料與有機肥時，若單從微生物汙染來看，反倒是有機肥比較危險。

(1) 空汙是全球最大的健康風險

其實，環保者「明察秋毫，不見輿薪」，因他們窮追猛打的電磁波、基改、核能，遠比空氣汙染的風險小太多了。

2014年3月25日，世界衛生組織公佈，2012年，全球空汙造成約700萬人死亡。確認空汙是世界上最大的環境健康風險。全球室外空汙共導致370萬例死亡，死因依序是40%缺血性心臟病、40%中風、11%慢性阻塞性肺病、6%肺癌、3%兒童急性下呼吸道感染。室外空汙的主因之一是車子廢氣。2013年，美國麻省理工學院研究報告指出，汽車排氣導致53,000人死亡。加州癌症統計，1998～2007年間，排氣與5～15%癌症有關。2012年，世界衛生組織聲明，柴油車排氣導致肺癌。

我國104年12月底，我國機車1,366萬輛、汽車774萬輛（約人均一汽機車、每平方公里六百輛）。汽機車排放汙染物

主要有懸浮微粒、一氧化碳、碳氫化合物、氮氧化物、鉛、硫氧化物、光化學性高氧化物、多環芳香烴。台大毒理教授翁祖輝指出，50cc機車每公里產生一氧化碳為2000cc汽車的2.7倍、碳氫化合物和氮氧化合物則為汽車的8倍。

　　為何環保者對於導致諸多國民傷亡於機動車空汙，不會「抗爭、拆除」？不努力交通工具電力化？

(2) 海洋中的塑膠將比魚多

　　2016年1月，世界經濟論壇、麥克阿瑟基金會（Ellen MacArthur Foundation）、麥肯錫顧問公司，聯合發表研究報告〈新塑膠經濟〉指出，到2050年，全球海洋中的塑膠重量將比魚多。

　　每年至少有800萬噸的塑膠進入海洋，相當於每分鐘一卡車的量。目前海洋中累計有1億5000萬噸的塑膠垃圾。塑膠對海洋生物已產生深遠影響，因海洋食物鏈，從蛤到鯨魚，體內都有塑膠，最後很可能進人體。例如，2016年8月26日，英國媒體報導，英國捕捉到的海魚，三分之一受到塑膠〔例如，微粒（小於1毫米）〕汙染。

　　全球一年約生產3億1千萬噸塑膠（圖3-1-21），約只14%回收，其他分半進入掩埋場、散到環境。大部分塑膠在自然界的分解非常緩慢，造成環境危害。科學家一直致力找出降解塑膠方式，包括會吃塑膠的（基改）細菌。

圖3-1-21　塑膠太方便與廉價，容易造成汙染。

關於塑膠瓶，在美國佛羅里達州，我看到最顯著的風景是掩埋場，若不移除，將長存，洩漏散放有毒物質，也汙染浪費未來的資源。

——《新科學家》投書，2016年8月13日

2011年的研究顯示，全球一般人平均11個月換一次手機。2015年，聯合國的智庫公布，全球在2014年丟棄4180萬噸（2018年將增為5千萬噸）電子裝置（圖3-1-22），其汙染物包括300萬噸電池等。其中，7%為手機等小資通產品。總共，不到六分之一回收。

當前，諸如美國八成核電廠延役20年等措施，符合「循環經濟」（circular economy，盡可能循環利用所有的資源）理念，有助於環保。

圖3-1-22　電子垃圾撲天蓋地。

(3) DDT的故事

英國倫敦國王學院生化毒物教授亨布瑞，出書《毒物困惑：化學物亦敵亦友》，解析DDT的今生來世：

對許多人，DDT等同環境汙染。它是有機氯化物，1874年問世，1939年方知為有效殺蟲劑。第二次世界大戰期間，對付蚊子和蝨子（瘧疾與斑疹傷寒帶原者）、其他害蟲；1953年的估計是，DDT至少挽救五千萬人生命；1971年，世界衛生組織估計，過去25年來，DDT讓超過十億人免於感染瘧疾的恐懼。戰後，美國廣泛使用消除害蟲，甚至超量。後來發現DDT會在環境中累積，諸如小魚等在食物鏈下層，累積量並不造成傷害，但上層的生物累積可能致命。

1962年，卡森著書《寂靜的春天》，導致很多國家禁用DDT，包括美國於1972年禁止將DDT用於農業上。

因生化反應，DDT對昆蟲有毒性，但對哺乳類則無（某些敏感的會受影響）。麻煩的是，要5～25年，土壤中的DDT

含量才會減少95%，此時，會累積於環境與野生動物。禁用
DDT後，其他取代的殺蟲劑，諸如地特靈和有機磷等對哺乳
類的毒性更強；DDT沒讓一人致死，但取代的有機磷殺蟲劑
卻已導致成百上千人死亡。禁用後，消滅瘧蚊行動受挫，全球
增加數百萬瘧疾病案例，例如，南非夸祖魯那塔省（KwaZu-
lu-Natal）禁用DDT，改用的除蟲菊更貴而低效，瘧疾病例大
增，從1995年的四千件，增為1999年三萬件。

環保先鋒卡森的名著《寂靜的春天》中，警告殺蟲劑
（尤其DDT）的使用，將會扼殺大自然的生機。她將該書提
獻給史懷哲，但在《史懷哲的自傳》書中，史懷哲倒是稱讚
DDT，帶來的減少病故等正面價值。

　　　　── 愛德華茲（J. G. Edwards），美國聖荷西州立大學
昆蟲教授

1999年，英國致癌物質委員會提報總結，沒有證據顯示，
DDT會增加罹患乳癌的風險。英國仍繼續用，而需經審慎評
估，例如，成功控制松樹尺蠖毛毛蟲；沒造成鳥類死亡；在
英國，DDT對人或野生動物造成傷害的證據少之又少；雖然
當地有些鳥類身上有DDT，但並沒發現死亡的鳥類；可知，
只要謹慎應用，DDT並沒對非目標生物造成不良影響。在美
國，自願暴露於DDT者，也無不良藥效；有自願者每天口服

一顆半毫克的DDT，連續服用一年，都未曾出現中毒跡象。

其實，只要慎重使用，就可獲得很大的福祉，而產生很少的禍害；DDT的故事，再度說明巴拉賽瑟斯原則「劑量多寡即成毒物或療劑之分」。

(4)「快樂賽神仙」

菸草原產於美洲，墨西哥人已於紀元一千年前抽菸；印第安人在部落會議和祭祀活動中吸菸，傳統上，視之為神的禮物，祭典中，菸霧帶人的祈禱到神那邊。巫師倚賴菸草，用在提神與醫療儀式中。1997年，美洲印第安作家連恩（Julian Lang）提議，香菸盒子上的警告語，應改為「僅限於祈禱與宗教活動中使用，或用在反映神意的社交活動中」。

菸草葉子含尼古丁，是一種強效擬副交感神經生物鹼，也是一種興奮劑藥物、神經毒素，60毫克即可將成人致死。尼古丁會作用於腦部，使吸食者產生愉悅感，接著自然成癮。

我國衛福部指出，菸品含4千多種化學物（40多種已被證實為致癌物），包括福馬林、氰化物、砷。二手菸所含有毒物質，約為一手菸的4倍，二手菸比一手菸還危險。

2008年，世界衛生組織宣布，抽菸是全球單一最大可預防的死因，於2004年導致540萬人死亡；到2030年，全球每年將約一千萬人致死。在美國，衛福部稱抽菸致死人數，比「酗酒、嗑藥、自殺他殺、車禍、火災、愛滋病」總死亡數還多。

但人類還允許抽菸盛行。

6. 思索環保認知

> 以道觀之，物無貴賤；以物觀之，自貴而相賤；以俗觀
> 之，貴賤不在己。
>
> ——《莊子·秋水》

基改、電磁、核能三項科技，只是人類文明演化中的一小部分。其實，「科技中性」，但看我們怎麼認知、運用，就如「水可載舟，亦可覆舟」。如上述，此三項科技並沒比相對的科技更傷人或環境，但環保者卻常這樣指控。

環保者自有認知的「使命感」，反對該三項科技者時，會說「科技始終來自人性」，而該三科技忽略人性，因違反自然……。當前反對聲浪浩大，主因之一是源源不絕的資助，民眾以爲她們（才）愛護環境與人命。可惜的是，反對者「愛心有餘，知識不足」，缺專業素養，以爲「普通常識」就可論斷此三項科技，其作爲「愛之適以害之」。

> 在科學謬論中排得上前幾名的，就是把「自然的」跟「安全的」畫上等號、把「人工的」跟「危險的」畫上等號。
>
> —— 蘇瓦茲

(1) 誤導科技者善用恐慌術募款

國際上反核最著名的，當屬「綠色和平」組織，能夠橫掃各國核電，主因是每年約幾億美元的捐款可運用，在其號召下，許多「理想主義者」（夢想者）樂意出錢出力。但是，2006年，該組織開山祖師之一的摩爾（Patrick Moore，1986年離開該組織），在美國《華盛頓郵報》為文〈使用核能：環保者講清楚〉指出，「反核最力的綠色和平組織與各國綠黨等，既不環保又不合科學精神，那樣子保護地球真是匪夷所思。」他也批評它們善用恐慌術募款。

在綠色和平組織六年後，發現其他四位主任缺乏正規科學教育，思維不科學。……綠色和平組織募款的來源乃建立在民眾的恐懼心理；例如，該組織決定支持「禁止飲用水加氯」，但是科學證據顯示那是利多於弊。該組織缺乏科學知識，而好用「恐慌術」行銷。

——摩爾，〈我為何離開綠色和平組織〉

其次，綠色和平也極力反基改，其實，耗能的傳統育種，更加速氣候變遷。

類似地，國內一些諸如金融房地業等金主反核，資助一些環保組織等反核，以為若有核電廠事故，就會到處汙染，因而房地產價會下跌、美國撤僑。另外，諸如綠色公民行動聯盟、

主婦聯盟等，號召小額捐款資助，一般人不解科技，但認為這些組織是為公益，紛紛掏腰包，「有錢好辦事」，結果，反核戲劇到處演。

(2) 氣候變遷列全球最大風險

2016年1月20日，世界經濟論壇（WEF，圖3-1-23）登場，其「2016年全球風險報告」指出，氣候變遷因應的成敗，將是今年衝擊最大的風險。氣候變遷引發的極端氣候、暖化等，將重傷全球（圖3-1-24）。

圖3-1-23　世界經濟論壇位於瑞士日內瓦、2014年會議。

圖3-1-24　受全球暖化影響，瑞士阿爾卑斯山阿萊奇冰川正不斷後退。

「氣候變遷因應成敗」排名第一，有助於喚醒各國注意問題所在。

減緩氣候異常，「網路代替馬路」（電子化等資通科技）、核能、基因工程（提供先進新能源）等，均爲改善問題的科技策略。

二、媒體的虛實

許多人致力於傳播信念，有了社交媒體工具，他們如魚得水。最近，因爲「伊斯蘭國」（Islamic State）的崛起、致力網路行銷，「世界經濟論壇」將大規模數位誤導（misinformation），視同恐怖主義、顛覆全球秩序。

1.「無冕王」現身

1588年，法國哲學家蒙田（Michel de Montaigne）首提「民意」。英國文豪莎士比亞（William Shakespeare）稱民意爲「成功的情婦」、法國哲學家巴斯卡（Blaise Pascal）稱民意爲「世界女王」。英國哲學家洛克（John Locke）主張人受「天律、法律、輿論（名聲）」三律影響，最後一項最重要，因若名聲差會受人討厭。

1841年，英國歷史學家卡萊爾（Thomas Carlyle），首先於其名著《英雄與英雄崇拜》，推廣媒體爲第四權的當今觀點，亦即，行政權、立法權、司法權之外的第四種政治權力。

1855年，《泰晤士報》主人里夫（Henry Reeve）說：「今天新聞界已經真正成爲了一個國民等級；甚至比其他任何的等級都更爲強大」。第四權可以領導和成爲對政府的制衡，但新聞界就必須獨立和免於受到審查，於是媒體人有「無冕王」之稱；他們善用此力道了嗎？克盡社會職責了嗎？

臺灣誰最大？我說媒體最大，因爲報紙報導什麼，立委就質詢什麼，晚上政論性節目名嘴們就討論什麼，甚至監察委員也看報辦案。本來政府某種程度要發揮教化功能，但臺灣，政府被媒體牽著鼻子走，向名嘴請益國是，官員忙於回應各式爆料，誰有空想臺灣未來怎麼辦？

—— 楊志良，衛生署前署長，2011年

輿論首由主要媒體形成，包括何者有新聞價值？何時傳播？其次，是取材「框架」與表達方式。但輿論真的反映社會認知、需求嗎？

2. 傳播的面面觀

(1) 媒體爲社會公器

有個美國廣告，來自公益協會，拍攝一對小夫妻家庭，正在餐桌上用餐，家中一塵不染，但拉遠鏡頭，戶外卻是垃圾堆積如山。廣告呼籲家庭丟垃圾前多想一下，盡量減輕垃圾量。

日本廣告協會青出於藍，牽起媒體力量，向大眾傳播良善風氣，喚醒公民的良知意識、禮儀道德，讓社會大方進步。

1947年，美國哈欽斯委員會（Hutchins Commission，芝加哥大學校長Robert Hutchins為首）報告指出，媒體需盡社會責任，報導要考慮社會的整體需求；媒體倫理守則包括兩大觀念：「諸如專業記者等享受特殊自由，就得以此自由與權力對社會負責」、「社會福祉最重要，超越個人職業甚至權利」。

1996年，出現「專業記者協會」守則，包括「減少傷害」：對於可能被新聞影響的人物，需具同情心；不受誘惑。

我成長的時代，正值國難當前。這個時代的人，把國家民族放在前面，自認國家命運與自己息息相關，因此對個人的價值觀與生涯發展沒看得那麼重。

—— 徐佳士，政大新聞系教授

在我國，諸如「臺灣媒體觀察教育基金會、閱聽人監督媒體聯盟」等組織，鮮少指出錯誤的科技新聞，主因是缺乏科技新聞專才。因此，科技新聞有賴科技專業者維護。

(2) 何謂「公眾」？

「公眾」指誰？其實，「公眾」並非「單一」的群體，而是複雜的「烏合之眾」。對某議題的認知，所謂「人民」、

「大家」等，可從完全贊成到完全反對，但媒體或政客深諳如何宣稱「民眾的意見」。

資訊的內容不論長短深淺，均經過表達者的「框架」（篩選），這對不同的人，可有不同的解讀。其次，媒體誘發效應（priming）指，人們易於記住與使用從媒體拿到的資訊，若媒體或報導者忽略某議題，則不會成為顯著的公眾認知。

記者似乎具有發現危險的東西，就產生「非警告讀者不可」的使命感或正義感。我在年輕時也有同樣的衝動，即使發現一點點副作用，就會寫下「產生重大的副作用」以警告讀者，雖無惡意，卻是有偏見的報導。記者缺乏比較「風險與福祉」，其次是想要獨家新聞。

——小島正美，日本每日新聞社主筆，2009年

諸如基改或核能等科技議題，包含許多面向，又很複雜，容易流於分化、極端，是個易於挑撥離間、製造分裂的問題（wedge issue）。又易於受到黨派或組織力量影響，遭受「偏頗的確認、強化想法」汙染，產生不同解讀，導致「他們」與「我們」對立。

3. 媒體不是「製造業」

事件若無媒體傳播，就不易成為新聞，新聞是人為製造出來的產物。

　　美國社會學教授貝思特（Joel Best，圖3-2-1）指出，「公眾議題」就是有人出來呼籲、吸引眾人注意、給問題「命名」，因此，議題是「建構」出來的。製造議題的過程就如一群優秀的演員所演出的戲碼，致力於宣傳訴求、招募信徒。為了突顯議題，建構者易於誇張。

　　「基改、電磁波、核電」爭議就是建構的，若非反對者與媒體一再「炒作」，大家不會這麼驚慌地以放大鏡檢視它們。

　　新聞界被戲稱為製造業，又各家複製。2008年，英國廣播公司記者札基（Waseem Zakir），創造新字「粗製濫造新聞學」（churnalism），意指記者缺乏主動追查求證，而大量製造新聞內容。

　　媒體宣稱要滿足民眾「知的權利」，但為名利，要搶獨家新聞、收視率；甚至瀕臨製造假象邊緣，吸引注意力成為生存的首要目標。媒體就是生產與經營注意力的行業，其指標主要是發行量與收視率，方式包括激發情緒，以換來更多的注意力。媒體競爭「時效」，往往犧牲「真實」。

　　閱聽大眾將注意力交給媒體，成為媒體的巨大資源；媒體將注意力高價賣給企業，而企業就是高價收購注意力。

　　　　　　　　　——麥克魯漢（Marshall McLuhan，圖3-2-2）

圖3-2-1　美國社會學教授貝思特。

圖3-2-2　加拿大傳播學家
麥克魯漢。

2015年10月1日，《紐約時報》名記者紀思道（Nicholas Kristof）（圖3-2-3）說：「記者有點像嗜血的禿鷹，專好戰爭、醜聞和災難。」有人形容媒體對社會狀況的期待「天下大亂，就是形勢大好」。

(1) 媒體威風凜凜

媒體傳播的訊息，隨時塑造民眾的認知、價值觀。大如激發兩國戰爭（1982年英國和阿根廷爭福克蘭島），小如暴露名人醜事，媒體可撲天蓋地「疲勞轟炸」。

某報說，民眾投訴公家機關修補漏水管，但不受理採，投訴該報而刊登後，水管即修妥，因此，水管是該報修妥的。

媒體設「爆料熱線」，而樂於刊登；在一方面，是不平則鳴、展現民意；但相反地，可能片面之詞、先入為主。

媒體是「建構現實」。例如，危機出現時，領袖關起門

來調查，有些媒體認爲他們是「審慎追究眞相」，而有些媒體則批他們「企圖掩過飾非」。褒貶之間，對社會大眾印象的影響，就有天壤之別。

——彭懷恩，世新大學新聞教授

　　少數人聲音大，而成媒體寵兒，其言論常獲報導；民眾交談媒體新聞時，該言論所受關注，就被放大，結果，民眾開始認爲這些少數人意見，代表社會主流意見；其實是，少數意見將不同意見「消音」了。這讓反科學者言行傾向聳動。

　　一般人學校畢業後，很少學習「正規的」科技知識，例如，閱讀科技期刊，而從一般媒體學科技，但媒體重娛樂，而非「正確科技教育」。1995年，美國國家醫學院（IOM）院士矗爾金（Dorothy Nelkin，圖3-2-4），出書《行銷科學》，提到諸如民眾（包括記者），不易理解科技，也難辨識其正誤，而傾向於誇張的認知與報導；這可能是誤解與抗爭的源頭。

圖3-2-3　《紐約時報》名記者紀思道。　圖3-2-4　美國國家醫學院院士矗爾金。

(2)「挑起事端,銷售報紙」

英文中有個名詞「黃色新聞」(yellow journalism),源自19與20世紀之交,紐約漫畫專欄中的主人公「黃小子」。最初的黃色新聞並沒有色情成分,主要以煽情為基礎;逐漸地,注重犯罪、醜聞、災禍等問題,採取種種手段以達到迅速吸引讀者注意,同時策動社會運動(圖3-2-5)。

圖3-2-5　黃色新聞主角黃小子煽動美國發動戰爭(1898)。

黃色新聞的特徵,包括使用特大字、煽動性標題、渲染誇張不甚重要的新聞、引述號稱專家的意見、採用易於引起歧義的標題、標榜同情「受壓迫者」、煽動社會運動。

使用煽情和粗俗的原因?「報紙的功能不在於教誨,而在於驚醒」、「挑起事端,銷售報紙!」

在任何一個基督教國家中,一家黃色報館在氣氛上大概是最像地獄的了,因為沒有一個地方,能比黃色報館更適合,把

一個年輕人訓練成永遠遭人唾罵的人。

————　尬欽（Edwin Godkin），著名英美報人，1889年

在新聞傳播領域，劣幣驅逐良幣就是，低俗傳媒往往比正規傳媒更易得市場，滿足眾多「一窺私慾」的人心，腥煽新聞能賺來更多的閱讀率和製造噱頭。澳洲媒體大亨梅鐸（Rupert Murdoch），同時擁有以大量黃色新聞聞名於世的報紙《太陽報》、風格嚴肅的《泰晤士報》，梅鐸利用前者創造的巨大利潤為後者供給資金，引導世界輿論。2004年，《太陽報》的日均發行量超過450萬份，而《泰晤士報》不到50萬份。

2016年5月，某報頭版特大字「全臺30座變電所，電磁波最強」，加上「不時聽說鄰居罹癌」等副標題，即為「製造聳動、催銷生意」範例。

(3) 媒體操縱者的告白

2012年，美國出書《相信我，我在說謊：一個媒體操縱者的告白》（中文版譯名《被新聞出賣的世界》），作者學得各式操縱媒體的技巧，成名後，也許是「良心發現」，他寫此書「招供」，因書前言一開始即說，他頂著行銷公關頭銜，其實是掩飾他醜陋的撒謊賄賂工作。

網路媒體世界有其供應鏈，底部（第三層）是成千上萬個部落格，每天更新多次內容，素材來自新聞稿、討論區、臉

書、推特等各式社交媒體。中間（第二層）是各網站、中型部落格、雜誌與報社記者，取材來自過濾底層資訊。頂部（第一層）是主流全國性網站、電視臺、大報等，瀏覽中間層的重要材料，轉化為具有全國性賣點的價值觀。

越需頻繁發布新聞的媒體，就越倚重網路社群。如何從資訊之海中脫穎而出？「預測文章能否被廣泛分享的最有效方法，在於它可否激起讀者的情緒」。圖或文越能令人開心、憤怒，就越有可能進入「最常被轉寄名單」。結果，一些宣傳者和網站經營者串通，將原來的內容扭曲，使它能夠激起觀眾的反應、吸引人點擊並分享。總之，賦予它們「生命力」。

標題的用字，最好是懸疑或能引起誤會的標題。秘訣在於帶有情緒性，因文章要能成功，在網路上像病毒一樣地散播開，需要能引起讀者的情緒（而非理性）。所以，文章內容最好是附有可愛的圖片、性感的男女、令人興奮或憤怒的消息，或種族歧視、同性戀等爭議性話題，擷取最具爭議處，再加油添醋地散播。

(4) 誰家玉笛暗飛聲

媒體在短時間，將訊息傳播給許多人，此「擴散」效果顯現媒體「塑造形象」的力道。

許多人從媒體學科技知識，當作生活的指引，就如網路「空腹吃水果」的故事：主張水果的消化速度最快，水果不該

和其他食物一起吃；例如，先吃麵包才吃水果，因水果的消化速度最快，本來水果要通過胃進入小腸，但是被麵包擋住了，此時，胃裡的食物在發酵變酸，水果一接觸到它們，配合著胃酸，整個食物就壞了。該主張讓許多人當真奉行，因他們無力分辨正誤。

結果，台大醫院前院長黃伯超醫師在《健康世界》2013年10月號，為文澄清。首先，水果在胃部滯留時間不一定短，因為纖維多，特別是水果的果膠質多，會延長停留在胃與小腸的時間。其次，不要空腹吃水果，因其他食物的纖維、脂肪、蛋白質等成分，可減緩水果糜進入小腸，減慢吸收醣類的速度，有利於血糖控制，這對糖尿病或胰島素抗性的病人有益。即使對正常人，其他食物成分也能夠讓食物醣類慢慢消化、吸收，會讓血糖比較穩定。第三，胃酸是強酸，食物中許多細菌會在胃中被胃酸殺死，因此，食物不在胃裡腐敗。食物若腐敗，會發生在大腸後段，大腸後段的細菌數最多，若胺基酸在小腸沒吸收完全，到大腸後半段，被細菌分解產生糞臭素等成分，即稱「腐敗」。

上述例子顯示，網路言論足以影響讀者的健康；還好，有專家出馬剖析澄清。不幸地，通常較盛行的是聳動說辭，至於更正文章，則少人知悉。

(5) 散入東風滿洛城

　　傳言造成社會動亂的前例很多，一個有名的個案是，1898年，英國小說家威爾斯（H. G. Wells），發表科幻小說《世界大戰》（*The War of the Worlds*，圖3-2-6），描寫19世紀末期，火星人來到地球，對英國發動戰爭，進而希望統治全世界，火星人屠殺人類，甚至以人類作爲食物。1938年10月30日，美國哥倫比亞廣播公司，根據小說改編成「世界大戰」的廣播劇，宣稱火星人在美國登陸、入侵地球，許多人信以爲眞，紛紛奪門而出、逃避，造成社會大恐慌。

圖3-2-6　英國小說家威爾斯。科幻小說《世界大戰》。

　　好壞事隨時發生，但人會比較注意負面的報導，媒體也喜歡負面的報導。在人體內，威脅的資訊啓動害怕系統，正面的新聞則啓動獎賞系統；由演化與求生可知，害怕系統比較強烈，會關掉腦內的理性部分；我們害怕時，就受制約注意負面

的新聞。當前，全天候反覆播放的負面新聞，讓大腦一直感受到威脅來襲。負面影像的鮮明度，會扭曲我們的風險觀。

> 美國在1974～1978新聞報導次數，一年報導車禍120次（50,000喪生者）、報導產業意外50次（12,000喪生者）、輻射意外200次（無喪生者），可知媒體太關愛輻射風險。
>
> ——柯恩（Bernard Cohen），美國工程院院士

在網路中的資訊流就像傳染病，接觸更多就更易受感染。美國國防高等研究計畫署（DARPA），有個「策略溝通中的社交媒體」計畫，研究貼文的語意、設計「機器人程式」（bot，自動在網路上作業），找出惡意誤導資訊。

4.「平衡觀點」

2007年，台大某電磁波論壇，找五位國外專家來獻策。其中四位是世界衛生組織電磁安全主席、國際非游離輻射防護委員會主席、美國聯邦通信委員會前科學家、電機電子工程師學會電磁安全主席；均倡導「在國際規範內，手機基地台電磁波無害」。第五位來自美國華盛頓大學，認為「電磁波有害」，找他是為了「平衡」其他四位的論點（圖3-2-7）。

前四位均來自深具公信力的單位，他們支持的觀點與證據，多年來一直經得起驗證，哪是第五位「偏頗」觀點所能

相提並論的？粗略比喻，水的分子式H_2O，但有人宣稱應為H_3O，則科學界的解套方式，不是找兩造來「平衡」發言，而是比較證據。媒體因無力分辨正誤，通常找正反兩方人馬來較量；但台大怎不知解法？

媒體以同等故事份量報導正反面時，民眾會以為兩邊的可信度相同。但一邊並不可信時，媒體就如扭曲民眾的認知。

媒體的電磁波報導常找愛發言的「所謂專家」，又以為科學只是觀點問題，因此，喜歡開發「焦點」報導。諸如電磁輻射公害防治協會，並無輻射專才，卻本事高強，足以拉著媒體鼻子走，三不五時炒新聞。

媒體與科學家可能各有苦衷：當記者追問科技風險的問題時，科學家可能「察覺」記者想要找證據配合其定論；當記者忽略了要緊的實驗細節，科學家可能「察覺」記者想要給易上當的民眾誇張報導。類似地，當科學家說沒有（統計顯著）證據顯示電磁輻射和癌症關聯性，曾聽過輻射致癌個案的記者可能「察覺」科學家在掩飾；當科學家說新藥在一些愛滋患者身上產生改善現象時，記者可能「察覺」已找到治病藥了。

(1) 古今幾多罪惡假自由之名

2011年，有美國牧師要公開燒回教《古蘭經》，其偏執因廣傳而茁壯，因當地新聞報導，接著部落格、小型網站、全國性的CNN等跟進。當時，美國總統等還勸他住手。中東等地

獲悉後，引起示威。媒體被勸導和警告不公布相關影片，因太危險與傷及無辜，大部分記者在良心考量下放棄報導，但「封鎖」失敗，一個自由作家搶走新聞，最後傳遍世界，引發多起暴動與傷亡；媒體的傳播威力實在可怕。

　　納粹大屠殺猶太人，倖存者弗蘭克（Viktor Frankl，奧地利精神病學家，圖3-2-8），曾建議美國，東岸已有「自由」女神像（圖3-2-9），需要在西岸建立「責任」雕像，因為自由只是真理的一半，易於退化成「亂來」，除非以責任補足。當前世人推崇「言論自由」，網路世界簡直「毫無禁忌」，人們應深思弗蘭克高見。英雄所見略同地，兩百多年前，法國大革命時期著名的政治家羅蘭夫人（Madame Roland，圖3-2-10），冤枉地被處死，臨刑前，她向革命廣場上的自由雕像鞠躬，並留下一句名言：「自由、自由，天下古今幾多罪惡，假汝之名以行！」

圖3-2-7　為了「平衡觀點」，台大邀正反兩方同臺對唱。

圖3-2-8　奧地利精神病學家弗蘭克。

圖3-2-9　美國「自由」女神像。

圖3-2-10　法國羅蘭夫人。

　　立委在立院內發言有免責權，記者則為「無冕王」；今天社會的傾向是太強調自由，而輕忽自制、責任。

(2) 記者要什麼？

　　2011年3月12日，福島事故隔天，我國原能會召開記者會，記者問到「輻射塵是否會飄到臺灣？」當時核研所發展的擴散預估模型，還無法計算遠距離擴散，而且當時福島核電廠的釋放源量，尚不清楚。因此，整合中央氣象局和核研所，根據氣象資料和簡易擴散模式，預估最可能影響臺灣的劑量，結果都遠低於自然背景劑量。

　　約3月底，外電開始報導，包括菲律賓等許多國家，都偵測到福島外洩的放射性物質，結果，國內媒體開始質疑，我國原能會的偵測能力，也懷疑我們的設備太差。於是，原能會內部會議決定，收集全國各地共25個收集站的濾網，並且加長分析時間，果如預期，可量測出來自福島的放射性訊號。當天的

記者會，公布結果的時候，主席比喻，以量測到的劑量估算，倘若一個成年人站在北海岸，一天24小時，不斷吸入含此劑量的空氣，連續吸500年，吸入的放射線劑量，才相當於照一張胸部X光的劑量，全場記者鬆了一大口氣。但當時有記者發飆，批評原能會明知結果，還浪費人力去做這種無意義的分析。從此，再也沒有媒體問「輻射塵是否飄到臺灣來？」

(3) 口味越來越重

當前國內媒體，謾罵字眼越來越多，也競相使用偏激字眼；在匿名的網路上，更是嚴重。

2014年9月26日，前新聞局長趙怡為文〈報導血腥事件應節制〉提到，一些追逐羶色腥報導的媒體，除大肆報導外，更針對殘酷殺戮的過程刻意渲染，已踰越新聞倫理的尺度。媒體鉅細靡遺、加上走馬燈輪番提醒，很可能誘發年輕族群的同儕模仿、慫恿。

影響力很大的媒體，每天呈現塑造的是一個什麼樣的臺灣？……只要有打架、車禍、兇殺等事件，一定都是一播再播的新聞。我相信這類「新聞」的收視率一定不錯，電視台才會樂此不疲地播……除了增加了社會的暴戾之氣以外，這類新聞的功能何在？

——盛治仁，雲品國際董事長，2016年

2016年3月31日，媒體出現投書〈媒體神經質，社會怎正常？〉提到，媒體描寫犯罪細節、亂貼標籤、重複播放畫面、侵入式採訪、未經查證濫用推測詞彙影射。媒體的報導沾染神經質，製造風雨、仇恨對立、恐慌。

(4) 「媒體怎麼報導最重要」

警察大學Y教授曾投書媒體指出，警察做了什麼是一回事，媒體怎麼報導最重要，因為民眾對警察的認知，大致上來自媒體的報導；若媒體對警察「友善」，取材與遣詞用字均具善意，則民眾自然尊敬警察；反之就麻煩。

2016年6月，商研院董事長徐重仁，為文〈團結吧！仇恨真能讓我們成長？〉，說新聞盡是殺人放火與桃色緋聞等大量負面情緒，充斥仇恨氣氛，很快感染了人心。凶嫌犯案細節給予民眾的暗示或不良示範多於警惕。媒體是社會教育者，新聞取材是要以負面居多，以便語不驚人死不休？或要展現高度自制力，主動規矩出自我格調，成為大眾教育的一片春雨？徐重仁提到月前，丹麥公共電視新聞總監來臺演講，提到傳統媒體為拉高點閱率，報導許多具衝突性與批判性新聞，社會因而滋生相互猜忌氛圍，卻未提供解決方法。

但媒體「只是」職業之一，餬口為要；會嫌「社會教育者」的大帽子太重了吧？

(5) 為何媒體說「意見兩極」？

諸如黑與白、對與錯、真與假、同一團體與否等，這種「二元」觀念，導致二分法思考，但這樣子為過度簡化事實。通常，人生重要的問題，很少能以簡單、斬釘截鐵的「是或否」回答。

1965年，美國加大柏克萊分校電機教授札德（Lotfi Za-deh，圖3-2-11），提出「模糊邏輯」，此模糊思維指「凡事是程度問題」，亦即，「非黑即白」是走極端，其實，更多的是「不同程度的灰色」、0與1之間無限多的分數，亦即，或多或少的程度。

關於科技的風險，媒體要求民眾或科學家回答「是或否」，例如，是否有害？有沒危險？能保證（絕對）安全？是否擔心？但此過度簡化的認知，傷害科技、社會，例如，忽略該事物的比較福祉與風險、每人被迫「選邊站」，結果，媒體就說「意見兩極」。

(6) 公民記者的榮耀與盲點

近年來，「公民」、民意」等當道，例如，因號稱「公民記者」，而發言特受重視。結果，有人吃味，公民不也是你和我？為何有些公民的發言權比較多？多年前，仍有「國民大會」的年代，有人自恃「國大代表」身分而洋洋自得，卻遭反諷：「我是國民本人，誰請你代表我了？」如今「公民」變成

更高尚有力的發言者，令人想用同樣的話就教她們：「我是公民，誰請妳代表我發言了？」

2010年12月，獨立記者C小姐榮獲「卓越新聞獎暨曾虛白新聞獎」3獎項，評審之一的政大新聞系主任，因她曾被主流媒體資遣，嘆氣：「良禽找不到良木而棲，當老師的很心痛。」

但她實在不解科技，卻無自知之明（又自以為認眞學習），例如，2011年5月，她報導台大H醫師在立法院公聽會中指出，長期曝露在三到四毫高斯以上的兒童，小兒白血病「危險率」是一般的2倍以上。某醫院放射腫瘤科L醫師表示，醫學上許多疾病原因都未知，不能隨便訂一個電磁波安全值。其實，兩醫師不解電磁科技，抄抄報導或想當然爾，就敢「現買現賣」，她則不知求證。

也許更慘的是，她寫若想知電磁波防護知識，可以參考「臺灣電磁輻射公害防制協會」網站。但該協會並無科學可信度，介紹讀者去學其電磁恐慌，實爲「引狼入室」。民眾一旦誤入歧途，以後難改第一印象，豈不「嚇人容易去驚難」？

(7) 記者「愛心有餘、知識不足」

記者的榮耀何在？其一標準是對社會的貢獻。

2016年4月，美國頒發新聞「普立茲獎」（圖3-2-12），美聯社以東南亞「來自奴工的海鮮」血淚報導，獲公共服務獎。記者經過18個月的求證，揭露東南亞以奴工，生產供應美

圖3-2-11　美國加大電機教
　　　　　授札德提出「模
　　　　　糊邏輯」。

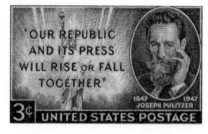

圖3-2-12　美國郵票紀念普立茲。

國超市和餐館的海鮮，報導促成2200位血汗漁工獲得自由、泰
國等整頓業者。記者知道自己手上有震撼性新聞，但若公開，
可能危及漁奴的生命。結果，他們冒著失去獨家報導的風險，
深入探討而延遲報導，反映對事件的慎重與公德心。美聯社讚
揚其記者「爲無助的人們發聲，運用我們這個行業的利器，週
知世界，善盡撥亂反正之責。」

　　我國記者也有類似的榮耀，但在科技報導上，泰半知識不
足而「愛之適以害之」。

　　例如，C記者同情漁民，但她實在無力分辨科技正誤，
2013年3月20日，稱讚臺南七股鹽埕漁民好棒！因她認爲氣象
局設置雷達，漁民抗爭11年，立委主持正義，雷達終於要拆遷
了。其實，雷達電磁波無傷居民，立委官大學問大的自以爲
是，脅迫雷達遷移。她鼓掌抗爭好棒、立委有理（圖3-2-13、
3-2-14）。

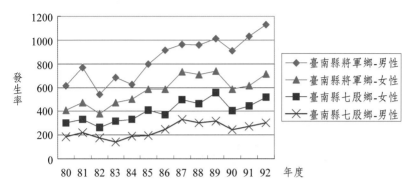

圖3-2-13　比較設有雷達的七股鄉與鄰近將軍鄉，近年民眾罹癌率（每
十萬人患者數），可知七股鄉民並沒受雷達影響。（作者
繪）

又如，C記者愛護同胞與鄉土，2012年10月，爲文〈核災
之地，夢想消失的地方〉，傳播日本小出裕章所說「核爆後只
要看到輻射雲籠罩，唯一要做的就是快跑，但臺灣並非土地
廣大的地方，幾乎無處可逃」。臺灣哪來核爆？用過核燃料
裡的鈾-235和鈽-239低於5%，原子彈的超過90%，臺灣核電廠
不會發生核爆，就如超過90%高濃度的烈酒易燃，而酒精只有
5%以下低濃度的啤酒無法燃燒。可知C記者實在不瞭解核能科
技，卻樂意推銷錯誤，反害國人恐慌。

(8) 諾貝爾獎光環誤導科學

2015年，白俄羅斯女記者兼作家亞歷塞維奇（Svetlana
Alexievich，圖3-2-15），因「她多種聲音的作品，足爲當代受

苦與勇氣的境界標誌」，而榮獲諾貝爾文學獎。

圖3-2-14　臺南七股氣象雷達站。

圖3-2-15　諾貝爾文學獎2015年
　　　　　得主亞歷塞維奇。

　　在1997年，她出書《車諾比之聲：口述核災歷史》（圖3-2-16），譴責官員、媒體、醫生，配合政府掩飾災情，例如，找新人去拍結婚照，宣傳沒問題。但另方面，她缺乏科學知識，道聽塗說而無力分辨正誤，例如，描繪許多人生下畸形嬰兒，有的外貌是耳朵部位，長出大嘴卻沒耳朵。其實，並無畸形嬰兒，作者只是道聽塗說、跟著起鬨。

圖3-2-16　車諾比核電廠紀念碑、車諾比紀念墓地。

　　類似地，旅日名L作家，為該書寫推薦序〈車諾比的悲劇不斷重演中〉，序言說到：「各國長年調查，知道因遭輻射汙染而致癌死亡超過百萬人；當地兒童百分之九十九都是生病的；歐洲的專家也估計，未來福島也將有百萬單位的人，因輻射汙染而致癌死亡。」該書的道聽塗說（科學部分），搭配L作家的瞎掰，不知「恐嚇」了多少讀者？

(9) 上媒體就「為校爭光」？

　　臺師大秘書室公共事務中心，搜集師生為校爭光事蹟，包括上媒體，例如，該校W教授，2013年11月20日，投書媒體說臺灣電磁波公害嚴重，世界衛生組織的文件，卻被電信業者扭曲解讀，他要求電信業者的建物設置基地台，「相信民眾很快就可以知道，基地台的電磁波到底是有害還是無害」。他解讀文件的方式，與他要求電信業者建物上裝基地台（本已裝設），可知他不解電磁波、不解現況，又散播錯誤資訊。

　　類似地，《成大研發快訊》樂於轉載，該校C教授，2013年6月17日，在媒體的投書，宣稱臺灣基改更是食安問題，基改作物飼料會造成動物的生殖障礙；她說根據中國大陸公民團體估計，在引進基改作物之後，國民生育能力呈下降趨勢，大學生捐精合格率僅10～15%（正常是50～60%）、癌症、白血病、糖尿病等患病比率也呈大幅增長。基改作物可能影響到人類命脈之延續，其危害更勝於毒澱粉。其實，C教授不解科

技，又不查證資訊來源與正誤。

5. 贏得媒體的心

媒體與社會的關係有些複雜，例如，一些人就是喜歡聳動或擔心風險、一些媒體就是投其所好；結果，拉抬「引領」社會走向偏頗。

有人主張，改變臺灣媒體亂象的方法：設立「包青天網路平臺」：(1)制裁：不查證、不平衡、添油加醋、誇大不實、抹黑造謠等報導，都公布在網站上。(2)平反：讓遭到媒體曲解或惡意修理的受害者，有為自己澄清說明的機會。(3)鼓勵：公布好報導，讓用心的記者聽到社會大眾給他們的掌聲。

在科學方面，因其不易理解與撰述，為發揮媒體的正面力量，積極作法是輔導其科學能力。

(1) 英國科學媒體中心

2000年，英國上議院科技選任委員會發表《第三次報告：科學與社會》，在第七章〈科學與媒體〉指出，大多數人一旦離開學校，就從電視和報紙取得他們的大部分科學資訊，因此，媒體怎麼呈現科學，就非常重要；許多科學家認為，媒體內容往往不正確。

然而記者常常不是專業的科學記者，結果，撰寫科學新聞的內容很可能出錯。科學家需要與媒體合作，方式包括指導媒體的科學新聞寫作、提供科學事實。1986年，「英國皇家學

會、英國科學知識普及協會、英國科學促進會」三組織，合作成立「民眾瞭解科學委員會」，提供媒體研究經費、設立提供記者科學資訊的網站。科學家參與媒體中的科學報導，而非抱怨媒體內容不正確或聳動；主動爭取民眾對科學的信任。

2002年，英國設立科學媒體中心（Science Media Centre），原設在英國科學知識普及協會；2011年，分開而成為慈善組織，現位於惠康基金會（Wellcome Trust，英國最大的慈善基金會之一，致力於提高公民和動物的健康福利、從事科學普及工作）。該中心的理念為「科學家為媒體做得更好時，媒體會為科學做得更好」，任務為「我們提供準確、證據為基礎的科技資訊給媒體，尤其是在困惑和誤解、易於發生爭議與重大影響時，幫助公眾和決策者」。

該中心資料庫中約有三千位科學家，一年約提供一百場記者會。深具公信力的該中心，有助於掃除冒牌貨。

(2) 管理和資金上完全獨立

該中心強調獨立性：「科學媒體中心的獨立性是開展工作的關鍵，我們志在促進證據為基礎的科學報導，並在管理和資金上完全獨立」。

科學媒體中心的資金來源，反映其定位為獨立的媒體辦公室，和任何利益無關。科研機構、科技企業、慈善機構、媒體、公家單位等，願意資助，因他們也希望大眾媒體正確報導

科學、助益社會正常發展。「我們公布所有捐助者的名單與額度比例。我們獨立於資助者之外，他們不能影響我們的工作。為了避免任何不當的影響，任一捐助者的捐助額度不得超過我們總年度收入的5%。」

(3) 國際學習的對象

類似科學媒體中心的各國組織已經出現，包括澳洲、紐西蘭、加拿大、日本。成功的關鍵是獨立、恪遵職責、贏得媒體與科學家的信任。各國組織獨立也合作。

英國設立科學媒體中心努力的收穫很多，例如，反駁英國查爾斯王子，因他宣稱科學家使用基因科技，是扮演上帝的角色、讓人為所欲為。

容我冒昧，查爾斯王子，殿下在1998年說：「基因改造使人類進入上帝專屬的領域」。其實我們的祖先老早就已經踏入這個領域，幾乎所有人類的食物都不能算是「自然」的。

——華生，1962年諾貝爾生醫獎得主

其次，英國反基改的「凍結基改組織」，能在2012年號召150人抗爭某基改實驗田，但2014年的另一基改田間實驗，卻很平靜；英國政府首席科學顧問華爾波特爵士（Mark Walport）認為，似乎經由科學媒體中心之助，媒體與民眾瞭解正確的科學知識，而謝絕抗爭。

我國K教授質疑該中心的中立性，但他可提得出證據，該中心的「哪一件事」不中立？例如，他質疑該中心獲得業界捐款，但如上述，該中心的財務與作為，非常透明。

三、民代越幫越忙

民眾反對電磁波、基改、核能，政府常要求主事者自辦說明會「宣導正確知識」，因解鈴還需繫鈴人。可惜，溝通效果往往不好，因民眾嫌「老王賣瓜自賣自誇」，不過，更重要原因是，反對者伶牙利嘴、天花亂墜，也會慫恿民代助陣。

1.「官大學問大」

通常，民代不具科學素養，對於這三項科技，只是聽反對者片面之言，就以為可怕，而想起「民之所欲常在我心」，於是，也加油添醋地反對。

1999年6月，有醫生在電視媒體訪問時，脫口說出：「掛在腰間的手機即使關機，也有電磁波影響腎臟的危險。」結果變成後來，民意代表在選區向民眾轉述成：「醫師告訴我，掛在腰間的手機會煮熟腎臟。」

—— 蕭弘清，臺科大電機教授，2007年

民代已經習慣於「作威作福」，深知公家預算與主管烏紗

帽均掌握在其手中，能夠「勒索」就儘管開口。因此，不論自己是否瞭解科技，就儘管講「官員不顧百姓死活」之類的堂皇話，高官只能回應「是是是」。

監察院糾正我登革熱防疫沒有做好，我就很不服氣。我跟新加坡衛生部長見過面聊過天，我的薪水只有他的1/20，但我管二千三百萬人，他只管六百萬人，去年新加坡登革熱人數將近六千人，臺灣只有一千五、六百人。媒體疫情、立委疫情、監委疫情，往往比實際疫情嚴重多多，身為機關首長的我，對監委的調查，口中說著「謝謝指教，虛心接受，日後改進」，但心中不斷念著×××（三字經）。

——楊志良，衛生署前署長，2011年

例如，有位T立委不解科技，經常接受環團的要求，反對電磁波、基改、核能，卻不解此三項科技，而勇於發言，仗恃立委職權而行動力強，打遍天下無敵手。但她卻自認是為環保，「就是為了保護孩子有良好的成長環境」。

(1)「大砲」針砭三害

2010年1月6日，衛生署長楊志良，在新流感疫情期間，批評名嘴「理盲又濫情」；接著，2011年2月，在卸任前，以衛生署名義對該名嘴提告，以「2009年涉嫌散布謠言，導致有民

眾因為沒打H1N1疫苗染病喪命」，但節目主持人表示，當時曾邀請楊志良專訪，為H1N1疫苗政策辯護，但楊「拒絕為節目增加收視率」為由而避開。

我任職衛生署期間，深深感覺臺灣施政環境讓官員「十倍努力半分功」，非常不利國家發展。為什麼？因為臺灣有三害：媒體、立法院、監察院。政府看媒體臉色施政，立委依黨派顏色問政，監委看報紙報導查案，以致官不聊生，有能力的人不願進政府服務。

——楊志良

2013年10月24日，衛生署前署長楊志良為文〈十個立委八個混蛋〉，認為立委是臺灣沉淪的最重要因素。因為立委的工作就是怒罵及羞辱政府官員。解決方法是，由各選區國中畢業以上學歷公民，無犯罪紀錄者自行登記、抽籤擔任立委。未來就算立法品質不比今日好，至少可省下鉅額辦理選舉的經費。

變態的政治環境讓有識有能之士不願進政府做事，錢少、事多、責任重尚可忍，但在立委及媒體前毫無尊嚴則不可忍，所以現在看不到產業界有人願意做政務官，不信政府去請施振榮、郭台銘等進政府單位服務，看他們點不點頭？

——楊志良

2. 立委改造科學，禍延無辜

　　2011年6月，獨立C記者為文〈為什麼環境記者要推薦T立委，續任民進黨不分區立委〉，說看到社會弱勢者在環境不正義的情況中，持續受害，卻很少有民意代表願意為他們說話。是什麼原因可以讓一個立委願意坐在那裏，還遭受官員的冷言冷語、被財團視為不受歡迎的人物？因她追求環境正義。

　　聽起來，T立委似乎很適任？也許。但至少在三項科技方面，她實在外行充內行、害國害民；例如，2015年4月，衛福部召開兩次基改食品標示會議，T立委既非議題專家，又非受影響業者，大辣辣地坐在主席旁邊。與會反基改者的發言，充斥誤解基改科學論調，但知有立委護航執行她們的「反基改信仰」。她還無理責罵基改專家的某大學校長，結果，該校長憤而離席。主席對T立委實在順從交心，會議中一直照她意思主導會議，會議結論後，還問她是否如她所願。第二次會議，她逕自發表會議結語，從她父親當醫生談起，盡是反科學的無營養話，主席在旁則一直點頭贊同。

　　又如，2010年，在環保署的電磁波會議，她也是端坐主席旁邊，隨時接腔管控，讓與會的反電磁波者予取予求。她們均不解電磁波，但人多勢眾，主導會議的進行。身為會議主席的環保署官員，除了「尊重民意」外，苦哈哈地無力施展。另外，2013年，她說廣島原子彈只用10公克不到的鈾，臺灣3座核電廠用過鈾33公噸，3核電廠運轉40年用77公噸，所以臺灣

人坐在1萬顆原子彈上。其核能知識錯誤得可怕。

3. 民代需要科技知識

立委立法和修法的後果，影響國家社會甚大，例如，2015年12月，修改「學校衛生法」，禁止使用基改食材進校園，因為嫌基改不安全。結果，高雄市營養午餐已漲3元、目前26萬弱勢生由教育部補助每年增2.6億元。

好端端的基改食品，和傳統食品一樣安全，或更安全，卻被抹黑成「食不安」，又弄得營養午餐漲價，真是罪過。

為何反基改者可「長驅直入」立法院？弄得通常無科技素養的立委，「任人宰割」。

(1) 美國民代背後的專業組織

美國國會注意到，需要設立科技專業組織，幫忙橋接科技知識與政治決策，否則會因「被特定政黨綁架決策、議員來來去去、議員助理缺乏相關知識」，弄得「遊說者、營利業者、政客」有機可乘。

影響未來孩子前途的科技，是誰在決定呢？只是幾個國會議員嗎？但是議員中沒啥人有科學素養啊！

——薩根（Carl Sagan，圖3-3-1），美國天文學家

圖3-3-1　美國天文學家薩根。

　　1914年，美國國會在圖書館內設立「立法參考局」，1970年，改名為國會研究服務處，為國會的智庫，隸屬於美國國會圖書館立法參考服務部，是支援國會立法的專業研究機構，提供國會議員保密與超越黨派的研究。

　　1972年，美國立法成立國會評估技術辦公室（可惜在1995年因政治鬥爭而關門），志在提供議員科技議題的客觀與正確分析。

　　在歐盟，「歐洲議會評估技術網」協調會員國評估技術。

(2) 丹麥：提出政策選項

　　2012年6月20日，丹麥科技委員基金會（Danish Board of Technology Foundation）誕生，是個非營利組織，由公家資助，每年向國會科技委員會提出報告，志在回應社會對科技引發知識、價值、行動等的關切，其「共識會議」為大眾參與的典範，產生新觀點與政策選項。處理的科技項目，包括資通、

基改、能源、環保、生技、健康、運輸。

該基金會辦理國內和國際會議，創造「讓與會者彙整知識、尋找永續可行與跨領域答案」的平臺，又出版雜誌《科技辯論》（*Technology Debate*）。

其實，該基金會志在提出政策選項，而非辯論。會議內容要有用，就需與決策連結，因此需要在民主與專業之間取捨，例如，採用公眾或專家的意見？

四、小結：好動機＋正確知識

「環團、媒體、民代」或有良善動機，要保護環境和救人，但若缺乏正確的科學知識，則其結果可能愛之適以害之；臺灣環盟前會長C教授、L獨立記者與T環保立委，即為範例，已經嚴重誤傷我國電磁波、核能、基改。

科學家有優劣，環團、媒體、民代須知其諮詢科學家的素質，例如，在同行間的評價。若有科學問題，諸如學會等專業科學組織，當優先採訪，而非好發議論者。

我國立法院亟需科學之助，此機制當盡快建立。美國國家科學院與國家科學基金會等組織，均努力協助媒體；我國需要英國媒體中心之類組織。我國科技部有心協助媒體，但大致上是「放牛吃草」。應可協同中研院與其他部會「整合」資源，聯合各媒體一起努力。

第四章　理性抬頭

　　17和18世紀，歐洲開始啓蒙（Enlightenment）時代，又稱理性（Reason）時代。德國哲學家康德以「敢於求知」的啓蒙精神，闡述人類的理性能力。邁向眞理的道路是運用人類理性，理性是「人類認識眞理的能力」。

　　諸如對大自然的感性敬愛，當佐以理性了解實況。

一、「自然」的本質

　　自然界對人不見得友善，例如，火山、地震、颱風、海嘯、澇旱等，導致每年眾多生命傷亡，例如，古義大利龐貝城被火山灰覆蓋而活埋兩萬人（圖4-1-1）。至於地球已發生過的五次生物大滅絕，更顯現大自然的威風。

　　地球上，對人不友善的生物也很多，從天花病毒與結核桿菌與痲瘋病（圖4-1-2），到瘧蚊與毒蛇，防不勝防。有毒的砷、鎘、鉛、汞等，均爲天然物質。植物性毒素包括蘋果與杏仁的果核內含氰化物。

　　「有機」食物在已開發國家非常流行，不過，一些有機花生醬曾被檢驗出大量的黃麴毒素；然而一般（非有機）花生醬

圖4-1-1　古義大利龐貝城被火山
　　　　　灰覆蓋。

圖4-1-2　麻瘋病患者。

的製作過程，採收、儲存、加工等，均用到殺菌劑等化學物，
反而沒檢測出黃麴毒素，或甚少量。

—— 亨布瑞

1. 大自然的黑暗面

　　大自然不只是充滿了啁啾的唱歌鳥，嬉戲兔與鹿，現實世
界和迪士尼電影「小鹿斑比」不同，自然也有黑暗的一面，就
像人性。菜園裡粉蝶飛舞美麗動人，但其幼蟲（蝶蛾害蟲）啃
食農民辛苦操勞的作物。優雅美麗的燕八哥懶得建立自己的巢
或照顧自己的孩子，在其他鳥類的巢中產卵，往往會導致其他
雛鳥的死亡。非洲草原上「風吹草低見牛羊」，但充斥諸多殺
戮（圖4-1-3）。海浪優雅，但是海嘯捲走戲浪者。大自然的
呼喚可能是「體驗」，但也能是陷阱。

圖4-1-3　非洲草原上「風吹草低見牛羊」，但充斥諸多殺戮。

人也是自然的一部分，自然讓它為所欲為的話，人就必須忍受瘟疫，災難，甚至像恐龍一樣的滅絕。人從一開始就在改變這世界，馴服禽獸，撲滅害蟲病菌，開山造渠，為的就是和大自然抗爭。

——陳文盛，陽明大學遺傳所教授

哈佛生物學家古爾德（圖4-1-4）以自然界的姬蜂作為，顯示「自然現象」（圖4-1-5）：姬蜂幼蟲寄生在鱗翅目幼蟲內，母蜂在產卵前會先分泌毒素麻醉宿主，讓宿主無法動彈，姬蜂幼蟲孵化後開始分階段享用宿主，首先是不致命的豐肥體軀和消化器官，讓宿主繼續活著；最後，姬蜂長得差不多了，才蠶食維生重點的心臟和中央神經系統。這讓達爾文擲筆三嘆：「這世界有太多苦難，為何慈愛又全能的上帝竟會創造出一大群如姬蜂的生物，擺明就是要在鱗翅目幼蟲內啃食。」

圖4-1-4　美國哈佛生物
教授古爾德。

圖4-1-5　寄生一隻活蜘蛛的姬蜂幼蟲、拖拉蜘蛛。

　　非洲大草原上，每天早上有隻瞪羚從睡夢中驚醒，它知道
在即將面臨的這一天，如果想活命，必須跑得比最快的獅子還
快。在此同時，草原上也有隻獅子醒來，知道如果想要這天不
餓肚子，就必須跑得比最慢的瞪羚快。

　　　　　　　——崔希（Brian Tracy），Tracy國際管理公司總裁

　　生物恐懼症（biophobia）和親生命性一樣也是人類天性。

(1) 自然的遺傳疾病

　　人類遭受許多天生的疾病，例如，亨丁頓舞蹈症（Huntington's disease，1872年由美國醫學家亨丁頓發現，圖4-1-6），是一種神經退化性疾病，起因於第四對染色體異常，病發時會無法控制四肢，就像手舞足蹈一樣，並伴隨著智能減退，最後因吞嚥、呼吸困難等原因而死亡。該病為顯性遺傳，只要父母其中一方罹患，子女就有一半的機率得病。患者製造

出的亨丁頓蛋白卻比一般人多出許多重複的麩醯氨酸，此異常的蛋白容易沾黏、聚集，最終導致神經的死亡。首當其衝的是患者的基底核（大腦深層眾多神經細胞組成），使得全身肌肉便不受控制地抽動，到了疾病的晚期，連負責下達指令的大腦表層也會逐漸死亡。

其他的天生疾病包括血友病、肌肉萎縮症、鐮狀細胞性貧血、杜馨氏肌肉萎縮症、唐氏症候群、纖維囊泡症、綜合型免疫缺乏症等。

1865年，英國外科醫生李斯特（Joseph Lister，圖4-1-7）提出缺乏消毒是外科手術後發生感染的主因，受到修女護士們的圍攻，因認為人的生死由天主宰，消毒是違反天意。

人類攝取的化學物，超過九成九是自然的，而其中已研究過的超過半數為致癌物。這些毒物自然存在，而為植物自身防衛系統的一部分。這些天然致癌物存在於所有植物中，例如，香蕉、花椰菜、香菜。亦即，超市中幾乎每種植物具有天然致癌物。世界上的一些劇毒是天然的，例如番木鱉鹼（strychnine）、肉毒桿菌素。

食物中的自然化學物質和人類發展的有害物質一樣致命，但是民眾偏袒自然：「一杯咖啡所含對齧齒動物致癌的物質，比你一年吸收的農藥殘留還多。如今一杯咖啡裡還有一千種化學物質尚未經測試。這說明我們具有雙重標準：如果是人為合

成物質，我們就怕得要命；如果是天然物質，我們卻毫不在乎。」

—— 艾姆斯（Bruce Ames，圖4-1-8），美國加大生化教授

(2)「天然」果真更受寵

1994年，美國卡爾京（Calgene）公司開始在美國加州推出「佳味」（Flavr Savr）番茄，造成轟動，因為這是世界上首度獲准上市的基改作物。（圖4-1-9）

圖4-1-6　美國醫學家亨丁頓。

圖4-1-7　英國外科醫生李斯特在病患身上消毒。

圖4-1-8　美國加大柏克萊生化教授艾姆斯。

圖4-1-9　美國「佳味」番茄、標示基改。

番茄成熟時，其聚半乳糖醛基因啓動「聚半乳糖醛酵素」，分解果肉中的果膠，讓果實軟化（因此，難以長期儲藏或運輸）。所以，商業上，在番茄綠熟時就採收、儲運，等到了目的地後才催熟販賣。卡爾京以基改技術抑制聚半乳糖醛酵素的合成，延緩番茄的熟化，則可等果實的成熟度較高時，才採收，此時果實的品質較佳，而且質地較堅實，可減少採收、運輸、加工處理過程中碰傷變質。不幸地，反基改者激烈抗爭，例如，經典電影《殺人番茄總攻擊》，描述突變巨大番茄謀殺人類的情節，被用來宣傳。加上其他原因，結果，在產品問世後不到兩年，就從超市的貨架上消失了。

但美國市場上的確販售類似番茄，原來，以色列人懂得避開「基改」而用「天然」方法，在野櫻桃找到天然的聚半乳糖醛酵素，拿來雜交番茄即可。然後，長途跋涉半個地球，賣到美國。

對供應商來說，他們之所以喜歡推銷天然香草精的原因，是人們願意付好幾倍的價錢買它。對消費者，則是認定天然產品對健康有好處。結果，天然香草精一直供不應求。……廠家因利潤，必會想盡辦法，讓顧客選購昂貴的「天然」香草精。

——蘇瓦茲

　　義大利那不勒斯盛產聖瑪札諾（San Marzano）番茄（圖4-1-10），因其土壤含維蘇威火山岩漿營養而別有風味，披薩也特別有名；但近來卻被番茄嵌紋病毒摧殘殆盡。義大利也曾研發基改番茄，但政府卻未批准；主因是，「基因工程」已被染上惡名，民眾一聽就聯想到「不自然」、「有問題」。

(3)「天然的，不一定好」

　　2014年3月，我國食品藥物管理署布告〈食品添加物真那麼恐怖嗎？〉指出，天然蔬果也可能成為黴菌生長的溫床，適量使用食品添加物可以抑制微生物繼續生長。部分食物含有天然毒素，如生竹筍的筍尖、樹薯、苦杏仁及梅子核仁等皆含氰毒。黴菌毒素易造成肝毒性，導致肝炎與誘發肝癌，食品添加物卻能避免微生物繁殖，防止食物腐敗，如防腐劑丙酸，就常用在麵包，以抑制黴菌生長。

　　天然蔬果為抵抗蟲子入侵，會產生化合物防止微生物生長，人類模擬天然食物特性研發食品防腐劑，能防止微生物生長，延長保存期限。以蔓越莓汁為例，天然存在於蔓越莓（圖4-1-11）中的苯甲酸就是一種防腐劑。以香腸為例，常含亞硝酸鹽，有些人放大看它的壞處，例如過量攝取可能致癌，但是，若不加亞硝酸鹽，可能導致肉毒桿菌中毒，若與可致命的肉毒桿菌風險相比，亞硝酸鹽等食品添加物的使用仍有其必要。

圖4-1-10　義大利那不勒斯
　　　　　聖瑪札諾番茄。

圖4-1-11　蔓越莓。

如果沒有防腐劑或冷凍，所有食物採收後都得立刻煮來吃，否則很快就會腐壞，也品嚐不到那麼多樣的進口食物。

2.「自然」不可改嗎？

諾貝爾生醫獎得主雅各指出，古來，人類對生命的運作無所知，只好歸之於超自然的力量。近來開始發現其中原因，甚至有能力參與生命的操作。但只要有新科技，就有人抬出此「扮演神嗎？」的口號抗議，也責難科學家侵犯自然界的運作、不自然、不道德。修改自然就是「違背自然規律」。

疾病千百年來殘酷地傷害人類；為何人類不能「干預」自然現象（防治等）？大自然出現差錯，讓人痛苦，為何人類還要聽天由命？

一萬年前，可能有些人擔心馴化的小麥和羊「不自然」。2百年前，的確有些人認為蒸汽機不自然。善於處理這些疑慮

的社會，就可興盛；否則就衰退。

—— 摩里斯，《爲何西方目前主宰》

　　人以堅強建物自保，有違自然規律嗎？社會上有許多唐氏症、連體嬰（圖4-1-12）等的嬰兒，人類用醫藥救治，算不算違背自然規律？農夫在作物田裡抓蟲、澆水、除草等，算不算違背自然規律？其實，我們選擇配偶，就是「人擇」，選特定基因（更高？更聰明？），期望下一代獲得配偶的基因。

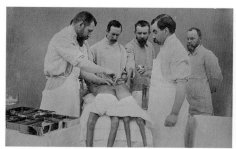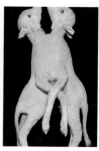

圖4-1-12　連體嬰（20世紀初期分開手術）、連體羊。

　　綠色運動提升人們的環境意識，但落於認爲「自然最佳」的窠臼。……對於事與物，「自然的」就受到崇拜，此觀念位居反科學情緒的核心。

—— 《新科學家》，2016年5月28日

(1)「芬蘭症候群」

2009年，日本每日新聞社主筆小島正美指出，大家似乎以為，有蟲吃的蔬菜因沒用農藥而比較安全，其實當蟲吃了以後，從該處會有黴菌進入而繁殖（圖4-1-13）。例如玉蜀黍，有時就會繁殖黃麴毒素的致癌性黴菌，因此有蟲吃的蔬菜並不一定是安全的（圖4-1-14）。

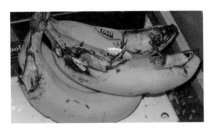

圖4-1-13　食物受傷後，可能招致黴菌進入繁殖。

圖4-1-14　看似正常的食物，其實已受黃麴毒素汙染，在螢光中顯示出。

近畿大學的森山達哉教授實驗，比較有被蟲吃過的與沒有吃過的有什麼不同？實驗結果顯示有蟲吃過的蘋果有比較多的過敏原。因為植物為了防衛自己驅除蟲類，會產生可殺死蟲類的毒性物質，對人類來說就成為引發過敏的物質。

在芬蘭，曾做過有趣的實驗，分為兩組，一組人每天按時吃三餐，採取嚴格控制飲食的生活，限制脂肪的量、且考慮營

養價值。另一組人自由的飲食生活，不太考慮營養價值。15年後，看哪一組的人較長壽？結果是，持續嚴格控制飲食組的死亡率較高，稱為「芬蘭症候群」；其理由之一是壓力。總之，要樂天地過日子，過太嚴格的生活是不好的。

—— 小島正美，日本每日新聞社主筆，2009年

諸如宣稱對電磁波過敏的C教授、自認對基改食品過敏的某女士、以為她日本家園被輻射汙染的L旅日作家，惶惶不可終日，生活沒什品質。人生何以至此？只是一念之間，就生活在錯誤認知的陰影中。

二、人性的本質

人對於未知的東西常好奇、或心生恐懼。例如，初次練習腳踏車者，不熟平衡感而摔傷，對於騎快車，或覺驚慌不已。

(一) 族群組織誘發歧視

族群的環境引發向心力，也增加排外傾向。1970年，英國布里斯托大學（University of Bristol）社會心理學家塔費勒（Henri Tajfel），發表〈族群間歧視實驗〉，顯示隨意將一群陌生人分組，則組員偏袒自己組夥伴、為自己組爭最大利益，甚至可犧牲別組利益。亦即，重視組內（in-group）、輕視組

外（out-group）。

因此，人具有內建的「分組」傾向，認同自己群組，劃分異組。設立諸如環保等團體，有助於類似心態者發揮「同仇敵愾」精神，也方便相互「取暖」。

另外，團體還有微妙效用，例如，2016年，美國哈佛大學心理教授希卡拉（Mina Cikara），指出暴民侵略的特性，在團體中，人的言行可變得不同，例如，團體誘發「暴民心態」，和他人一起行動時，個人會有匿名感、比較不必為自己行為負責，甚至暴衝以博取周遭者的注意；被團體的衝動帶領時，人易於失去自制。

1. 各式偏差

2015年，美國國家科學院論壇指出，民眾知道更多科學知識後，並不見得會更支持該科學議題，其一可能原因為偏頗的確認（confirmation bias），人們傾向於重視支持自己相信或已知的說法或證據，而輕忽不支持自己認知的，這稱為強化想法（motivated reasoning），導致相同的科學資訊對不同的人，會有不同的意義，而產生不同的反應。

人有選擇性注意的傾向，此特點導致有好有壞的後果，例如，在人群中找出熟悉親友、在群眾喧囂中聽見親友的話。但在科學上，這種過濾可能出問題，亦即，若無嚴謹考量，挑選支持論點的資料呈現，而將不支持論點的資料忽略不計，稱為

偏挑櫻桃（cherry picking），這是「偽科學」的特點。

「自我應驗預言」指人們先入為主的判斷，無論其正確與否，都將或多或少的影響到人們的行為，以至於這個判斷最後真的實現。信念和行為間的正反饋，是自我應驗預言成真的主因。這一理論最著名的實驗出自，1968年，美國加大教授羅森霍（Robert Rosenthal，圖4-2-1）、小學校長亞伯森（Lenore Jacobson）。他們測試某中學所有學生的智商，然後告訴老師，一些學生的智商非常高，讓老師相信，這些學生在來年的學習成績，將會飛躍成長。但事實上，這些高智商的學生，非真的高智商，而是隨機抽取。因此，他們智商不見得比其餘學生還高。隨後的實驗結果驚人：那些被老師認為高智商的學生，在來年的學習成績確實突飛猛進。

「安慰劑效應」（placebo effect）或「受試者期望效應」，指患者若認為藥物或治療有效，則可能改善病情。相反地，「反安慰劑效應」（nocebo effect）指患者若認為藥物或治療有害，則可能致病。此兩效應的形成是主觀因素，因此，在一些偏重主觀性質的病患（例如頭痛、胃痛、哮喘、敏感、壓力、痛症），較容易表現出來。類似的社會現象例子有：春秋戰國時，《列子》寓言「失斧疑鄰」，故事為有人遺失斧頭，他心裡懷疑是鄰居的小孩偷的，看那小孩言行舉止，十足像偷斧頭的樣子。後來他在山谷裡找到了遺失的斧頭，隔天再看到鄰居的小孩，無論是動作態度都不像小偷。

(1)「會鬧有糖吃」

1788年，美國第2任總統亞當斯（John Adams, 1735～1826）（圖4-2-2），首度提出「多數人暴虐」（tyranny of the majority），描述多數人可能以其意志，濫用權力，強行通過法規等。相對地，也有「少數人暴虐」，因社會上多數人沉默，於是，某些少數人持續叫囂，而得實現其索求。

圖4-2-1　美國加大教授羅森霍。

圖4-2-2　美國第2任總統亞當斯。

　　當前的社會亂象包括，少數人不滿某人或事，便在網路上召集鄉民大串連，群起抗爭。人多膽子大，群眾逐漸失去理智。結果，社交網站容易被少數熱門人物影響，而成「多數錯覺」。若這些熱門人物散播危險資訊、煽動仇恨，就可能導致社會問題。一個散布觀點的方法，是創造支持或反對的聲浪。

　　2015年12月9日，某報社論〈「抱怨有理」風氣脅迫了專業尊嚴〉指出，臺灣近年來逐漸呈現民風強悍、暴力傾向，民眾仗恃「民意我最大」，政府決策往往傾向討好民意。在選票

的風潮下，養出「會鬧有糖吃」的民眾。決策基礎縱有專業意見支撐，還是向民意低頭。明知違背專業判斷和長期發展利益，但決策者動輒屈服於民粹壓力。現成例子是，國內不准種植基改作物、拆除基地台、非核。

(2) 用語反映善意度

媒體和意見領袖喜歡「辯論」，但這非學習科學的方式，因為辯論志在求勝，而非真理；辯論容易流於情緒化，則更不理性；也傾向於攻擊對手的遣詞用字，而非本意。

立場或認知不同，對同樣事物的詮釋，可導致天地之差。例如，政治候選人看到自己或對手的抽籤排序時，可解釋成：

	1	2	3	4
我	一馬當先	二是我贏	三陽開泰	四平八穩
你	一敗塗地	二次重來	不三不四	四大皆空

反基改K教授說進口美國基改黃豆為飼料級（其實沒分飼料級或食品級），可知他對基改「不屑」。

(3) 主觀判斷的羈絆

科學尋求真理，放之四海而皆準。科學中性，但科學家會情緒化。科學家和科學應分開，因為科學家也是凡人，具有七情六慾。科學家可受激怒而說錯話，但不能因此歸罪於科學。

電磁波、基改、核能的「攻防戰」時，反對者可用各式情緒話，但政府或業界必須「禮貌」回應；反對的質疑，海闊天空任鳥飛，但答話則需有憑有據。

所有罹患乳癌者，幾乎都穿裙子，但穿裙子不會使人罹患乳癌。有些科學家有時會為了自己偏愛的理論，不惜削足適履地提出不合邏輯的道理。

—— 蘇瓦茲

2. 劣幣驅良幣

旅日作家L缺乏基礎核能科技知識，但其反核論述天花亂墜，迷倒眾生。某科大C教授不解電磁波科技，居然信徒滿街跑。校園午餐搞非基的發起人，實在無力分辨正誤，卻足以讓許多縣市長候選人臣服。這些能言善道者，聳動地鼓吹科技風險，卻受到民眾與媒體喜愛、信任，捧為社會的救星。真正專家卻因「不解民苦」等，不受青睞，甚至備受嘲諷。

2002年，英國劍橋大學哲學教授歐妮爾（Onora O'Neill）（圖4-2-3），出書《問題在信任》（*A Question of Trust*）指出，提倡透明化，會產生一大堆未經篩檢評估的資訊，則只會增加不確定性，而非增加信任感。當人們知道他們所寫的或說的，每一件事都會被公開，就可能導致說寫無關痛癢的流水

帳，取代真話。要求透明化，幾乎是在鼓勵規避麻煩、偽善、說寫「政治正確」的話。透明化在某一層面，其實傷害信任。

(1) 比道理或比人頭？

　　解決科技議題的方式，應以科學證據為先，而非「看情緒、數人頭」。

　　例如，我國反電磁波者聚眾示威，就可強行拆除基地台；為何人多就贏？但美國法律卻知保護基地台免受民粹干擾。

　　對於核四是否續建及運轉，中研院院士建議以公投決定。2009年，英國民調核電，約半數英人答說「我對核能不夠瞭解，不足以表達意見」；我國多少人（包括院士）瞭解核能而足以表達意見呢？1978年，臺北市長林洋港籌建翡翠水庫（圖4-2-4）而遭罵「太危險了，若水庫被炸就淹死多少人」，若他屈從反對者，哪來今日的順暢供水？可知在美國，紐約州印第安點（Indian Point）核電廠（圖4-2-5），距大紐約一千萬人

圖4-2-3　英國劍橋教授
　　　　　歐妮爾。

圖4-2-4　翡翠水庫。

圖4-2-5 美國紐約州印第安點核電廠。

口不到五十公里,其冷卻水來自哈德遜河,正是紐約人的飲用水。美國人可曾因而寢食難安?社會需要高瞻遠矚的領袖,根據真積歷久專家的意見,通盤考慮而定策,引導社會進步。

(2) 世代正義:留給子孫什麼?

　　反基改者宣稱基改食品會影響後代健康、傷害後人的土地,這是世代正義問題。但諸如世界衛生組織、聯合國糧農組織等均已聲明不傷人與環境。

　　2000年,我國政府宣布停建核能廠的理由,包括「這一代人無資格權力為幾百年後的子孫決定命運」,此話聽起來義正詞嚴、堂皇崇高,實際上,只是「妖言惑眾」。這一代人要節育或生小孩、基因篩選或墮胎等,是這代或後代決定的?因反核而消耗石化原料,導致暖化、極端氣候、海水上升、空汙傷人,則成啥世代正義?儲量有限的石化原料(煤、油、氣)應供醫藥民生用,但因反核而需燒掉當前能源(焚琴煮鶴);核

燃料鈾無其他用途,因核衰變,現在不用則以後更無法利用;這又留給子孫什麼正義?如上述,因核能而死亡人數,遠遠少於石化原料等其他能源,可知反核者無正義可言。

反基改者立法阻止基改入校園午餐,誤導學生自小害怕基改,不敢選讀生物醫學相關領域。反核者誇張宣染,誤導學生害怕核能,不敢選讀核醫農等專業。同理,反電磁波者鼓吹害怕手機基地台與變電所等,也遺害子孫學習與善用科技,均無世代正義可言。

(3) 冥頑不靈 vs. 執善固執

2015年6月5日,媒體報導,外商公司高階主管退休的林姓婦人,接到詐騙「檢察官」電話後8度匯款1300萬元,其中2次碰到員警到場勸阻,她卻偷偷轉往其他金融機構匯款;後來對方沒再聯絡,她才驚覺被騙而報案。其實,像她這樣的冥頑不靈者非常多,因此,詐騙集團生意興隆。有人問美國魔術師蘭迪(James Randi)(圖4-2-6),理性能戰勝迷信否?他說,不可能;他的名言是「每分鐘均有受騙者誕生」。

近十年的趨勢為,美國民眾對基改食品的態度,一成的人堅決反對,一成的人堅決支持。三分之一的人不在乎。

—— 布洛莎德(Dominique Brossard,圖4-2-7)

威斯康辛大學傳播教授,2015年

圖4-2-6　美國魔術師蘭迪。

圖4-2-7　美國威斯康辛大學教授布洛莎德。

圖4-2-8　美國普林斯頓大學教授費絲科。

　　可說任一科技議題，均出現「堅決不改」者，科學證據也無法說服他們。2013年，美國國家科學院溝通科學會議中，美國普林斯頓大學心理與公共事物教授費絲科（Susan Fiske）（圖4-2-8）指出，要注意「堅持的少數」，因他們堅持自己才正確，結果，民眾或媒體以為他們英勇，為社會公義而奮鬥到底，而大力支持這些少數人。其實，他們可能沒有科學根據或可信度。

　　有些反科技者，只因意識形態的堅持，例如，2000年，堅持反核的政黨執政，再評估核四，委員之一為某縣S縣長，多次會議缺席大半，但是最後結論時，S說「反對到底（一路走來，始終如一）」；既然如此，何必再評估？其實，反核是該政黨的神主牌，毫無妥協的餘地。

　　媒體可有多重角度描繪，例如，同是「堅持」，如採正

面角度就可寫「執善固執」，如採負面角度就可寫「冥頑不靈」；相對地，同是「不堅持」，如採正面角度就可寫「從善如流」，如採負面角度就可寫「毫無主見」；則留在讀者的印象有如天地之差。

3. 溝通：知易行難

某政大新聞系教授，曾任國家通訊傳播委員主委，以其媒體專業、溝通長才，是否更會「打通任都二脈」？例如，與民溝通、解釋政策，讓民眾更不會抗爭基地台？結果為「否」，她還被告，並狼狽下臺。

以節電為例……單單我個人嘗試，改穿輕便服裝去立法院、建議百貨商場營業作息調整，都受到激烈的嘲笑和反對，認為我是一個白癡，你就知道我們這個社會節電有多難。

—— 張景森，主管能源的政委，2016年

溝通的「內容」不及溝通的「方式」，或甚「溝通者」來得重要（此即為何「代言人」常為美艷影歌星），但是科學家往往木訥無趣。反對者卻讓民眾覺得「親民」，因使用草根庶民語言。科學澄清冷冰無趣誰要聽？

「確保核安、穩健減核……逐步邁向非核家園」，是不合乎科學、不合乎邏輯的，因為要減核、非核的理由是，對核能安全沒有信心。即使把「確保核安」放在最前面，再講一千遍「沒有核安、就沒有核電」，但是減核、非核已經就暗示核能是不安全的，因此我們原能會再怎麼做民眾溝通，民眾都對核能安全沒有信心。

—— 蔡春鴻，原能會前主委

有人主張，溝通是化敵為友的力量，理念甚佳。但溝通難，今天美國仍有組織堅持地球是平的（圖4-2-9）呢。

圖4-2-9　溝通不易：聯合國糧農組織與世界衛生組織合作食安溝通報告（2016年）。「地球是平的」徽標。

三、科學的本質

1965年諾貝爾物理獎得主的美國費曼（Richard Feyman，圖4-3-1）說，科學志在如何不愚弄自己。科學「求眞、謝絕教條、內建質疑、實驗驗證」而奮進。

把閃電當作天怒時，我們只能低頭求平安；但是將它歸類爲電時，人（富蘭克林）就發明了避雷針來對付閃電。

—— 早川雪（Samuel Hayakawa，圖4-3-2）

圖4-3-1　美國物理學家　　圖4-3-2　美國語言學家　　圖4-3-3　奧地利哲學
　　　　費曼。　　　　　　　　　　早川雪。　　　　　　　　　家波普。

人類探索自然，善用科技，得以造福社會。

1. 科學是可否證的

奧地利哲學家波普（Karl Popper，圖4-3-3），首提「科學是可否證的」（falsifiable）。例如，你可提科學議題「太陽從東邊升起」，我要否證它，但我無法否證時，就接納你議題。

　　每個晴朗天空的夜晚，美國航太總署從馬里蘭州發出雷射光，由月球上一面不到一公尺的鏡子，反射回地球，科學家就可精確地測量月球的軌道運行，也可持續驗證愛因斯坦的重力論。至今，愛因斯坦還是對的。……科學家敢丟棄大家喜歡的觀點時，可能出現突破；就像愛因斯坦推翻牛頓的重力論。

　　　　── 安玖（Megan Engel），2016年，英國牛津物理系

　　瞭解科學（scientific literacy），不只在於瞭解許多科學知識，更在於瞭解科學如何運作。

　　不論一個信念多麼愚蠢，總會找到可為它殉難的死忠信徒。科學是暫定的，這讓民眾嚇得不敢相信科學嗎？其實，那正是科學的光輝所在。真正丟臉的是，自以為絕對正確、不可改、不認證據。

　　　　── 艾西莫夫（Isaac Asimov，圖4-3-4），美國生化教授

　　科學有其「不確定性」，讓民眾因而不敢信任科學，其實應說科學反映「當前最佳知識」。例如，1991年，國際癌症研究署分類「咖啡為可疑致癌物」；但在2016年，更改為「咖啡不大可能致癌」。這反映科學的「虛心求進」，若有人因而認為科學「可變」，就是「可怕」的，則表示不解科學本質。

(1)「十年磨一劍」

近代科學的特性之一是，知識「垂直累積」，例如，要學好普通化學，才方便邁向有機化學，然後才易於瞭解分子生物學（基改的基礎）。類似古人「十年磨一劍」的下功夫。

有諾貝爾獎得主說，有些科學議題就是難以「溝通」，例如，量子力學的玻色子（boson）。雖然愛因斯坦曾說，若無法跟大學生解釋清楚，就是自己不懂，但玻色子就是困難，因基礎知識太多，包括量子力學中的玻色—愛因斯坦統計。

1959年，英國物理學家兼作家斯諾（Charles Snow），在劍橋大學的「瑞德講座」（Rede Lecture），指出「兩種文化」來自文學家與科學家，兩類差異甚大，且漸行漸遠的知識份子。他建議知識份子應瞭解熱力學第二定律，也讀過莎士比亞的作品。對國人而言，也許是：知識份子應瞭解熱力學第二定律，也讀過《三國演義》、《西遊記》、《水滸傳》、《紅樓夢》四大名著（或唐詩三百首）。

亞里斯多德這位縱橫人文與科學領域的雙才，正適合說明：在哲學方面，他是史上巨人之一，他的《倫理學》，至今一直廣受研讀（這又說明人文學的「不變」特性）。在科學方面，他是物理學的先進，但是他的物理學則「節節敗退」，例如，他以為日光經分光成七彩，是因為質變，其實是牛頓指出的波長折射之故，這正說明科學的「可否證性」。

諾貝爾物理獎得主拉比（Isidor Rabi）（圖4-3-5）認為，

人文與科學溝通是「單向」進行：科學家比較容易瞭解人文，但是人文學家比較不容易瞭解科學；而此一事實，容易造成科學家的自大和缺乏自制。科學可幫助「避開病菌、發明微波爐」，但人文滿足人的感性需求、欣賞風花雪月、改善人際關係；因此，各有所長。

圖4-3-4　美國生化教授
　　　　　艾西莫夫。

圖4-3-5　諾貝爾物理獎得主拉比與楊振寧。

2. 科學三利器

(1) 明辨思考

科學包括兩大部分，一是科學知識、二是科學知識背後的科學精神與科學方法。

科學是「激情與迷信」的強力解毒劑。
　　　── 史密斯（Adam Smith，圖4-3-6），英國經濟學家

　　爲了區分資訊中的黃金和沙礫，我們需要明辨思考（critical thinking），而爲理性的基礎，愼思「理由是什麼？假設和價值觀？推理有無謬誤？證據的品質？正反面的優缺點？統計數字和結論可信嗎？使用二分法邏輯嗎？」嚴格審核自己的信念，有助於減少自欺和從眾言行。

　　對於那些看來極端不可能發生的事，我們總是賦予它神秘的色彩，認爲背後一定有超自然的力量在操縱。其實，巧合就是巧合，不過是自然界機率定律的表現，只要機率不等於零，凡事都可能發生。

　　　　　　　　　　　　　　　　—— 曾志朗，陽明大學心理學家

　　反電磁波者，看到數人罹癌，就認定電磁波作祟，不然怎可能數人均罹癌？但是癌症的分布，有時高有時低、有些地方高有些地方低，是機率問題，亦即，數人均罹癌是可能的，而平均值約四分之一（國人罹癌率），不能隨便怪罪某因。

　　愛因斯坦認爲想像力比知識重要；醫學家黃崑巖則認爲如果知識不多，想像的空間就受限，因此擴充知識的基礎很重要。這主張類似於神經學家洪蘭的：「社會上許多人盲從、人云亦云，最基本的原因是知識不足，無法作有智慧的判斷」。孔子說：「學而不思則罔、思而不學則殆。」學和思兩者同等齊觀、不分軒輊。

企業家張忠謀有大量閱讀的習慣,發展出合理的懷疑:「我對所有的書、報告都是相信一部分,不會完全相信。這種合理的懷疑論是看過很多書後,才能建構發展出來的。合理的懷疑之所以重要,是因為沒有一個人講的話是完全對的;並不是說作者不誠實,而是沒有人能做到絕對正確。因此,我們必須保持獨立思考、自行研判的清醒。」

(2) 比較證據權重

科學講究「證據權重」,某證據經過越多人獨立重複驗證後,則證據權重越大,即「可信度」越高。

反對科技議題者,往往引述一些科學家的研究,以支持其說辭,但這些研究「優質」嗎?正確度如何?值得信賴嗎?評定誰比較正確,可能不容易。在世界的學術期刊界,有個「影響指數」(impact factor,影響係數),指某期刊的文章在特定年份或時期被引用的頻率,是衡量學術期刊影響力的一個重要指標。許多著名期刊會註明影響指數,以表明在對應學科的影響力。刊登在較高指數的期刊文章,應比刊在較低的可信。

地球上需要一個虛擬國家「理性之國」,其憲法就一行「所有政策根據證據權重」。

—— 泰森(Neil Tyson,圖4-3-7),
美國太空物理學家,2016年

圖4-3-6　英國經濟學家史密斯。　　圖4-3-7　美國太空物理學家泰森。

　　在基改議題上，世界衛生組織、聯合國糧農組織、美國國家科學院、英國皇家學會、法國國家科學院、歐洲食品安全署等深具公信力的組織，均同意基改食品安全。反基改者能提得出更有力的反對證據嗎？應很難，因這些組織成員，大致上是全世界的頂尖科學家，論述深具科學證據。事實上，反基改者往往少具科學素養，反基改科學家往往不是基改專家；一般害怕基改者往往缺乏科學素養，遑論瞭解基改科技，也無力分辨基改科學論述的良窳、正誤。

(3) 善用統計

　　媒體三不五時報導健康議題，但讓民眾恐慌的居多。例如，約十年前，清大某教授研究新竹海產蚵之類中毒，發表於國際期刊，引發養殖戶抗議，後來該教授澄清，要每天吃幾十公斤才會中毒。亦即，媒體取頭取尾，太簡化而嚇人。但統計研究的詮釋，確容易誤導人。

統計資料時常被濫用，英語中有句話：「世上有三種謊言：謊言、該死的謊言、統計數字」。許多對統計的濫用可能出於無意，也可能出於故意。影響結果的因素，包括實驗設計、樣本數目等；諸如國際癌症研究署研究手機致癌性，採用「回憶」方式，但你我怎可能記得，十年前講手機幾分鐘？太荒謬了。方法不正確，則結果怎可信？

又如，對於一般人，常用的「統計顯著」等統計觀念，不易理解。檢定結果，若兩量間的關係具顯著性，不代表二者有因果關係。例如，夏天時，冰淇淋銷售量較大時，腸胃病患增加。能說冰淇淋弄壞腸胃嗎？不一定，因天熱容易吃壞肚子，而冰淇淋也同時令人垂涎，但還不能論斷冰淇淋引起腸胃病。亦即，「關聯性」表示兩事件相關，但未必有「因果關係」。統計學方便測試兩事件是否關聯，但難以測試因果關係，這需其他方式，例如，找出「機制」（原理等）。

昔者曾子處費，費人有與曾子同名族者而殺人。人告曾子母曰：「曾參殺人。」曾子之母曰：「吾子不殺人。」織自若。有頃焉，人又曰：「曾參殺人。」其母尚織自若也。頃之，一人又告之曰：「曾參殺人。」其母懼，投杼踰牆而走。夫以曾參之賢，與母之信也，而三人疑之，則慈母不能信也。

——〈曾參殺人〉，《戰國策》

　　曾子沒殺人，但連續三人說他殺人，機率太小，於是接受「曾子殺人」說辭。「三人成虎」也含相似意思。

　　另外，諸如少數或甚單一事件等的「例證」，往往不是真的證明，社會上流傳某人拜拜而中獎、某人住在電磁波環境而罹癌、某老鼠吃了基改食物而生病等，可能只是「巧合、特例、軼事」。

3. 風險大小 vs. 恐慌程度

　　清大李敏教授說：「對核能有意見的人永遠可以說核四不安全，因為他們對安全的認知是主觀的」。人皆有主觀的認知，但不一定經得起客觀的檢驗。

　　關於核電安全，有人宣稱「機率再小也不能接受」，則他不能在家（常有事故致死），也不能外出（常有事故致死）；而在家與外出致死的機率，均遠大於核電事故的機率。

　　人生充滿風險；在高速公路上，駕駛一個不小心可能導致嚴重傷亡，例如，該稍轉彎而沒轉的話，就是大災難，但是高速公路上滿是車與人。我國交通事故每年幾十萬件、死亡幾千人，但有人抗議與禁車嗎？（圖4-3-8）那為何對於「並沒害死人」的電磁波、基改、核能，抗爭不已？

(1) 多元的風險認知弄亂社會

　　2016年7月，《自然》期刊報導，在美國，會導致水痘與帶狀疱疹等的巨細胞病毒，每年導致數百嬰兒死亡、數千嚴重

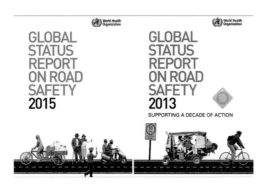

圖4-3-8　世界衛生組織的全球車禍報告，一年125萬人車禍身亡。

的小手與小腦等嬰兒缺陷，但美國人卻更注意遠爲不嚴重的茲卡病毒。主因是，當前媒體渲染「巴西出現多例新生兒小頭畸形」。

「天有不測之風雲，人有旦夕之禍福」，人生隨時有風險，但風險不易預測，而且也有高低，這就讓一些人風險意識超高（又無法區分輕重緩急），而且到處散布，弄得人心惶惶。有人喜歡登山，回應大自然的呼喚；但有人害怕登山，因山難頻繁。若悲觀者彰顯害處、樂觀者強調好處，而他們需採用相同法規，紛爭將沒完沒了？高（低）風險意識者可強求社會依其意嗎？有何科學證據呢？

一般民眾認知的科技風險，與專家的認知可能有差異。當民眾對風險的認知，遠超乎實際，政治人物則只好設法降低這項風險，但值得嗎？例如，我國禁止種植基改作物，但結果是浪費外匯、更增加基改恐慌。

生命中到處有風險，生命爲平衡風險的歷程，我們評估成本效益而選擇作爲。臺灣先民若缺冒險決心，不敢渡過「黑水溝」（臺灣海峽），則臺灣歷史就改寫了。

福島事件發生後，全球反核聲浪達到新高，一段時間後就回復昔日支持度，以民調即可知這些變化。民意這樣起起伏伏，而民眾認知又不一定正確，在科技方面，主政者若以民意爲依歸，豈不「父子騎驢」？

(2) 今人安逸而挑剔小風險

古人必須不停地對抗飢渴、威脅生命的疾病等，相當大的風險。今人則安逸多多，所以人們開始擔心小風險。

若願意，人可接受抽菸、開車等的風險。但若他不滿，則啥事皆可藉口風險而被否定。人們在抽菸、開車時，不會想到這些活動的風險，遠遠大過電磁波、基改、核能；例如，每百萬人口中，約有20萬吸菸者和100個開車者死亡。

今天我們生活中最大的危險不是恐怖份子、核子反應爐、墜機等，而是日常生活一些微不足道的小事，尤須謹慎提防車禍和醉酒。上了年紀之後，上下樓更須小心翼翼，注意別在浴室摔倒。

—— 黃貞祥，中研院生物多樣性中心研究員

一些食物（或行為）在某一方面出現缺點，可能在另一方面顯現優點；若評估只專注於單一方面，可能太狹隘。反某科技者想到的是「可能的」效應、預警、害怕；其實更應想想證據、利弊得失。例如，母乳中可能含有戴奧辛（微量），但是哺乳對嬰兒好處多，遠勝過風險。

(3) 殘餘風險（residual risk）

2015年8月30日，美國核管會委員兼麻省理工教授亞帕斯托拉奇斯（George Apostolakis，圖4-3-9），在日本媒體《讀賣新聞》，發表〈瞭解核安的「殘餘風險」〉指出，人生存在各式風險，例如，生病、風災水害、車禍。但這些遭遇大概不會經常發生，其不確定性讓禍福難說。即使出現災害，不見得就使我們遭殃，因為個人與社會均採取預防措施，例如，築牆擋水、強化建築耐得地震。然而，我們的保護措施不一定那麼有效，這就產生「風險」觀念，它代表「可能性」與「後果」。例如，每年，日本人遭受十萬分之五的車禍機率，這是日人的

圖4-3-9　美國核管會委員亞帕斯托拉奇斯。

「殘餘風險」，亦即，雖然各式措施在保護人民，但仍有死於車禍的機率。

科技演化，各式科技設備日趨方便與複雜，享受能源與醫藥等各式科技福祉之外，我們要求設施「安全」，但仍有導致禍害的不確定性，因此，更適當的要求應為「夠安全」，亦即，並無絕對安全的設施，因為安全是個無盡的連續觀念。當我們說某設施夠安全，我們承認殘餘風險的存在，它是可接受的、可忍受的。為何需要接受或容忍任何殘餘風險呢？因為科技設施提供的福祉多於殘餘風險。所以，需要福祉與風險分析，但是福祉不易量化。每人經常在盤算福祉與風險，例如，風雨天出門與否？搭公車或計程車？

4. 理盲情濫

通常我們想到的風險為媒體傳播甚至鼓吹的，而其描述往往不符合實際的風險。理性的作法是，將風險定量，並選擇較小風險的途徑。我們做的每件事均包含風險，對於核電，若說「不要跟我講機率，一旦降臨都是百分之百的災難」，看似理直氣壯，實則理盲情濫、不公平對待各風險與福祉。

反電磁波者宣稱，志在保護民眾、給民眾安全居家環境；反基改者訴說要「從生命、情感、文化脈絡、環境正義的角度論事」。不解科技者無力瞭解科學，猛打溫情牌，訴之感性支持，誤導求真的方向。

2014年，政大C教授爲文〈神仙打鼓也會錯，別遺害百年〉，說核四會使國家癱瘓滅絕。他的神仙不知全球使用美式核電已六十年，其輻射沒殺死一人，無一國因而滅絕。

「母愛是反核路上最堅定的力量……把好的留給孩子，把不好的留給自己，這就是媽媽；把不好的留給後代，把好的留給自己，這就是核電廠。」這是媽媽監督核電廠聯盟的台詞，由其發起人溫情相訴，因T藝人憂心忡忡地向她說：「我們正活在一萬顆原子彈頭上。」其實只是理盲情濫，因臺灣並沒一萬顆原子彈，臺灣核電廠造福民生，不曾殺死一人。倒是空汙與車禍每年殺死很多人，造成無數家庭悲劇。

四、恐懼：演化趕不上文明

國人反對電磁波、基改、核電，第一個原因就是「無法保證『絕對』安全」。

但是，每天一開始，早餐絕對安全嗎？瓦斯爐等廚房設施絕對安全嗎？交通工具絕對安全嗎？路上絕對安全嗎？建物與廣告招牌等絕對安全嗎？空氣（汙染）絕對安全嗎？

我們面對恐懼時，更傾向情緒和直覺，不見得理性。恐懼是「兩面刃」，一是在狀況未明前，保護人免受傷害；另一面是專家已說明安全但仍不放心，因而畏縮或抗爭。「過度」恐懼來自「脫軌的風險判斷」。

　　透過宣傳，民眾可由不解科技而產生恐懼感，稱為「恐懼制約化」。反科技者經常簡化而聳動有力地訴說科技風險，弄得民眾傾向於相信「最糟的可能性」。

　　生物演化緩慢，地球誕生10億年後才出現生命，人類則在34億多年後，距今20萬年前現身。工業革命後的科技進步神速，各式產物目不暇給，相對地，人的身心演化慢；交通工具的速度遠超過人的反應，即為例子。我們的情緒與直覺還留在古代，易於被近代科技嚇唬。

1.「可能」的意義

　　哈佛大學物理學家威爾森（Richard Wilson，圖4-4-1）解釋「可能」的意思：若說有隻狗在紐約鬧區第五街奔跑，你會認為這是「可能」的。若換成獅子，你雖然懷疑但還會認為這是「可能」的，但希望看到支持的證據。若換成劍龍，你會嗤之以鼻，認為傳言太離譜了，但在某個觀點來說，那還是「可能」的，只是大多數有理性的人會認為，有隻劍龍在鬧區奔跑的可能性小到不需去查證。

　　一些環保人士經常說電磁波「可能」傷人，說者「用語彈性十足」，最後結果不論是否真的傷人，均「沒有講錯話」；但是民眾卻已經恐慌了。威爾森指出，宣稱電力電磁場「可能」導致健康效應，就像宣稱紐約鬧區第五街「可能」有隻劍龍在跑。

　　判斷風險的科學依據，就是「定量」，反科技者往往不解量化（機率等）風險，頂多說「可能」發生，但「可能」的意義很廣。

　　類似地，反基改者要求，「雖然（至今）沒有證據」證明基改食品不安全，因此還需一直等。依其邏輯，日常的傳統米飯、蔬果等均應同樣「不可攝食而需等待驗證」？同理，住屋與搭車等的安全亦然？

　　「你可以不喜歡基改，但不能說基改危險，」荷蘭科學家施寇頓（Henk Schouten，圖4-4-2）譴責綠色和平只會說「可能」有害，卻無證據，但已足以蠱惑人心。

圖4-4-1　哈佛大學威爾森。

圖4-4-2　荷蘭育種學家施寇頓。

2. 要求絕對安全者自曝無知

　　「保證絕對安全」是個假議題，是反科技者或不解科技者的殺手鐧，為求勝而不擇手段的「壓死」人議題。

對於科技，反科技者總可挑出某「可疑風險」，科學家若回應「沒風險」，則會被要求「保證絕無風險」。

不只對於新科技，幾乎在任何議題上，此種要求「絕對安全」的感性訴求，簡直所向披靡。科學家保守，一分證據講一分話，只會說至今無證據顯示有害；不料這正給反對者「見縫插針」的機會，質疑「那明天可能會有害嗎？」為何科學家不敢講絕對無害？是否其中有蹊蹺？反對者質疑各種可能出現的禍害；科學家就如「啞巴吃黃連，有苦說不出」。

「天馬行空的想像風險」躲在「即使渺小還是有可能啊！」的保護傘下，無人能抵擋此「邏輯上、感性上」均具說服力的保護傘。

反核者嘲笑「日本核電廠絕對安全的神話」，又如，成大W教授說：「現在核工專家承認，說核電百分之百安全是一個神話。」但反核者要求「核電廠絕對安全」。

美國環保署把風險等級分成3類：(1)風險發生率低於10^{-6}者為「可忽略風險」。(2)風險發生率介於10^{-6}～10^{-4}者為「可接受風險」。(3)風險發生率高於10^{-4}者為「不可接受風險」。

2014年，食安專家傅偉光為文指出，國際標準化組織對「安全」的解釋為「免於無可接受的危害風險」，任何時空環境中，都存在著各式風險，只能在有限的資源下，盡所能讓風險降至最低，在機會與風險之間做出平衡的決斷，以「降低相對風險」取代「追求絕對安全」。

　　人生充滿風險，我們抉擇時要理性地權衡各種利弊得失，而非要求絕對安全。超高風險設想將重傷生活的品質，趨近無限的防衛就導致無生存的必要。因此，瞭解機率是很重要的，就如，點燃瓦斯爐煮菜、過馬路、游泳、搭機等，大致上我們均知存活的可能性，否則，瓦斯爆炸、魯莽或酒醉駕駛撞過來、溺斃、空難等，每年確有諸多死傷，將使我們不敢動彈。做任何事都有風險，但當風險值夠小，就可去做，並不會因為可能有害就不做。核能電廠不是百分之百安全，但經由多重深度防禦，發生事故的機率非常小，例如，遠小於瓦斯爆炸、魯莽車或酒醉駕駛撞過來、溺斃、空難等。經由人類多年經驗改進，核電是可控制的，美式核電廠啓用以來，超過六十年，而無一死亡，即為證明。

　　沒有一個理性者會為了安全防護，無限上綱地把所有資源投入一個項目，就為了絕對安全。類似地，有人要求降低化學物的暴露濃度，甚至「零檢出」；這不但不需要（低劑量時無傷人體），也是浪費資源和精神（例如，儀器越來越精密）。

(1) 反對者就是要求「絕對安全」

　　不明科學原理者，會要求「保證（絕對）安全」或說「證明（絕對）無害」。例如，環保署空汙H處長表示，臺灣的電力電信發展的時間都很短，誰也不能保證電磁波對人體絕對沒有危害。又如，環盟批評筆者，提出的盡是「無證據證明電磁

波對人體健康有害」，但卻提不出「證明電磁波對人體健康（絕對）無害」。

2012年4月16日，公視新聞報導，基因改造食品安全嗎？沒人能保證未來沒問題！例如，衛生署基改食品審議委員會召集人指出，現在沒問題，並不代表未來沒有問題；高醫某教授表示現在正確的事，未來並不一定正確，基改在現階段還屬安全，可是沒人能保證未來也沒問題。

反核的清大P教授說：「誰來設計標準作業程序都『掛一漏萬』，這才是核安最大的盲點！誰能保證……強震之後仍舊正常作動？」

美國國家科學院在1996年報告中指出：「科學不能證明某物（電磁場等）不致癌，所能說的是：在極多研究後，居家環境電磁場並不產生類似『其他已知致癌物所產生的證據』。」不可能證明虛無假設，所以不可能證明某物絕對無害。

提出「絕對安全」的要求，只是強辯、恐慌時的藉口。人生就是存在各式風險，古人已知不可因噎廢食，為何今人反而退化？

(2) 誰要求科學「定論」？

1996年，美國國家科學院指出，即使抽菸致癌可說已鐵證如山，還是有人反對；旁觀者能說抽菸致癌無「定論」嗎？至今仍有人堅持地球是平的，則地球是圓是平，無定論嗎？

2012年，媒體報導，前國家通訊傳播委員會發言人、交大L教授認爲，非游離輻射所產生的熱效應對人體是否有害尚無定論。類似電磁波的健康效應沒定論的說辭，時有所聞，爲何說沒定論（讓人一聽心毛毛的）？

深具公信力的美國國家科學院、世界衛生組織、電機電子工程師學會等，全球許多深具公信力的單位聲明，還不夠定論嗎？難道有人反對就是沒定論嗎？媒體樂於引用不明究理的學者說沒定論，應是導致民眾電磁恐慌的要因之一。

不解科學者要求定論，其實是不解科學本質。首先，科學是可否證的，怎麼說定論？其次，醫學健康事宜，常以統計方式研究得「結論」，但理論上，不能說是定論，因存在統計不確定性。第三，在實用上，我們也不需「百分之百的定論」，經過長時間、多人反覆驗證，又符合科學原理，不與其他領域互相矛盾，就夠了。例如，爲瞭解基改食物是否安全，動員「基因醫藥學、公共衛生學、毒物與病理學」等可「互補」的研究，均指向安全，於是，我們放心，基改是安全的。

若民眾喊「無法證明電磁波對人體無害，不敢拿生命開玩笑」；「不怕一萬，只怕萬一」，則只是自找麻煩。

3.迫害幻想症

2012年2月28日，親民黨副總統參選人林瑞雄表示受到電磁波威脅，接著在12月10日，強調電磁波對人體有害，「我從

9月23日離家後為什麼東躲西藏，在不同旅館跑來跑去？」

2013年，臺灣無基改推動聯盟廣告美國電影《基改、老天爺》：「食物中的『基因改造作物』才是一個大未爆彈，對健康的影響極大，我們不能不繃緊神經。」反基改者不滿中研院分子生物所支持基改，而抱怨：「代表他們被『產、官、學』經濟型態綁架有多嚴重。資本家正在壟斷這個世界的真相及是非正義，我們只是囊中物，生活在重重被操縱，而不自知。」

臺灣環境保護聯盟前會長與台大KA教授，在《福島核災啟示錄：假如日本311發生在臺灣……》書中疾呼：「全日本人民都陷入在高輻射塵威脅的精神恐慌之中。萬一來個大地震和海嘯，以臺灣核電廠脆弱的建築技術，及人謀不臧的防護管理機制，誰能保證不會有核電廠爆炸而致輻射外洩的可能？還能忍受這樣無止盡的精神虐待嗎？擁核者要死自己去死，不要把我們無辜的臺灣人民拖下水一起死。」

(1) 哪需「誓死」抗爭？

不知何來妙招，國人流行「誓死抗爭」，大辣辣地宣示於旗幟與頭巾上。環境電磁波可說沒風險，哪需以「死」相替？

全球的美式核電廠運轉已六十年，從無輻射致一人於死，有哪一行業記錄這麼好？哪需國人誓死抗爭？

動輒以死相脅，只是反映理盲情濫。反科技者就是嚐得甜頭（公權力畏縮而抗爭成功），才會得寸進尺，有樣學樣；結

果，到處烽火。

其次，公權力失守的結果之一，就是更嚴格的管制科技；但是，民眾認為安全作法若需非常繁複，表示潛在危險非常大，因此，民眾更擔心，弄得科技安全成惡性循環，防護越多，民眾越擔心，要求越多保護。

筆者經驗，害怕電磁核電與基改科技者會要求兩件事，一是證明絕對無害；二是要求筆者去住在電磁設施與核電廠旁邊、攝食基改食品（親身證明安全）。在在顯示恐慌之至。

4. 專業的問題

反基改組織「校園午餐搞非基」C發起人說，2012年，法國導演裘德（Jean-Paul Jaud），拍攝《改造核世界》（Tous Cobayes？法文原意指「都是白老鼠」）紀錄片，探討基改與核電，日本福島核災與廣島原爆、蘇聯車諾比事故，看似安全卻潛藏無法挽救的世代傷害。不可逆性、無所不在的汙染、生物累積，是片中訪問賽拉利尼時，他為基改與核電所下的共同註解。

賽拉利尼信譽掃地，卻樂得上影片；導演缺乏科學素養，不問問諸如法國國家科學院意見，卻會以感性震撼觀眾；C發起人不解基改與核電，無力分辨正誤，而以訛傳訛。

國內反基改者已經咬定基改有害，只會引用世界上反基改言論，卻看不見世界衛生組織等深具公信力組織的聲明，遑論2016年，更新的「百餘位諾貝爾獎得主、美國國家科學院」的

聲明，爲何反對者「只見秋毫，未見輿薪」？

(1)「專業的傲慢」

逐漸地，科學分工更細、隔行如隔山；反對者往往缺乏足夠科技素養，無力分辨正誤。

要反核，就應該瞭解核能……可是反核的人多數不瞭解核能電廠，也不願意學習。核四廠停建期間，高雄地區的一個社團舉辦反核記者會……筆者……花了兩個小時聽一群完全外行的人對話，反核人士與記者都不懂核能，連輻射與汙染都分不清楚，要怎麼反核？

—— 陳茂雄，中山大學電機系教授，2009年

2014年11月13日，主婦聯盟C副主任，爲文〈科學盲，陷食安高風險不自知〉，說相同的物質，「天然的就健身、人工的就傷身」，此論點令人啼笑皆非。她說筆者是「科學盲」，贊成基改食品安全，就是陷於食安高風險而不自知。

筆者覺得很無奈的事……反對基改食品或核能的人士或團體，大都不是「專家」，而反對的理由是「信仰」。筆者尊重個人的信仰，但是不認同以個人信仰否定別人的主張。

—— 蘇仲卿，台大生化教授，2014年

2013年3月19日，中研院L研究員，投書媒體〈誰是核能安全專家〉，提到擁核人士對反核運動，最常見的輕蔑回應就是：「你們這是外行人，不科學、非理性的恐懼。」，他認為對手暗指：「你們沒有核能工程背景、不懂核電廠，因此沒有資格討論核能安全議題。」

(2) 回歸專業知識

2015年，著名美國皮優（Pew）研究中心，發表報告《公眾與科學家對科學與社會的看法》指出，37%民眾說基改安全；相對地，88%科學家（美國科學促進會會員）說安全；兩者差距甚大。

在電磁波方面，反對的C女士，其實不解電磁科技，則宣稱「電磁波多可怕……」，可信嗎？

業餘的C女士欠缺公信力和知識，似乎即使錯誤只要大聲堅持就會贏，但我們需要的是科學而非恐懼。她使用高斯計量測基地台電磁波……不懂頻率的差異。對於高壓電線電磁波，電機電子工程師學會的規範是9040毫高斯，她害怕而要求規範0.1毫高斯是不可能的，家中電器等的磁場遠比電線的高。

——周重光

在輻射方面，同樣也有不解其科技者，使用測量儀器與

解讀數據時，「露出馬腳」。例如，環團「臺灣環境輻射走調團」，在2015年1月，公布國內人工核種分布調查，包括臺北車站等102個公共場所，說有不該存在的人工核種（碘-131等），質疑來自核研所、核電廠。

原能會澄清，國內環境輻射劑量測量數值，均在自然背景變動範圍。走調團使用的設備，靈敏度與解析度並不足以分辨低強度輻射，更遑論找出正確的核種來源。在臺北車站，走調團量測的信心度為4，但要達到8以上才具可信。儀器說明書寫，應採多次測量後取平均值，但走調團採計最大值。又如，2013年7月，環團曾提出新北市老梅國小輻射量測熱點超標，原能會即會同測量，結果均在自然背景變動範圍，並無異常。

1983年，美國工程院院士科恩（Bernard Cohen）提到，對於核能，依專業能力（電視記者、大報的科學記者、所有科學家、能源科學家、核能科學家）支持度逐漸變大，因為越是具有專業知識，越有能力做出合於專業的判斷。

為何專業不敵民粹？專業者通常是木訥的科學家，一分證據說一分話，所談科技內容枯燥無趣，但反對者能言善道、唱做俱佳、天花亂墜，所談內容聳動極端、震撼人心、所向批靡。越缺乏「明辨思考」能力的民眾，越容易受騙。

(3) 隨便扣上大帽子

批評生技者用造聲勢的方法，力圖引起公眾的恐懼和對產

業動機的懷疑，把生技的危險和化學汙染的後果相提並論，扣上「基因汙染」和「科學怪食」等相當負面的大帽子，讓民眾印象深刻而久留腦海（會常受此刻板印象箝制），難怪基改科學家百喙莫辯。

在十六世紀，咖啡遭到的不實指控，和今天生技產品遇到的情況相似；咖啡被說成會影響性功能和導致其他疾病，在麥加、開羅、伊斯坦布爾、英格蘭、德國等地，遭到當地執政者的禁止或限制。1674年，法國醫生為了維護葡萄酒消費而宣稱，當一個人喝了咖啡後，軀體化為自身的陰影，日漸衰竭。喝咖啡者的心肌五臟虛損而神志恍惚，其軀體抖顫形同中咒。

——朱馬（Calestous Juma），哈佛科技與全球化教授

今天，基改食品也受到類似的非議，將基改食品與腦癌、性功能障礙等，聯繫在一起。2002年，非洲尚比亞總統拒絕美國援助飢荒的玉米，因為「基改食物有毒」。美國《洛杉磯郵報》報導，尚比亞國民飢餓嚴重，許多村民吃樹葉、樹枝，甚至有毒的植物；聯合國和人道援助組織均已表達美國捐贈的玉米是安全的，而且和美加等國民吃的是一樣的玉米。雖全國已飢荒三個月，但是尚比亞總統還說：「我們寧可餓死也不願吃有毒的東西（玉米）。」

5. 遐想科學或瞭解科學？

　　科技的演化快速，即使專家也「隔行如隔山」，遑論一般民眾？上世紀初，愛因斯坦被記者要求淺顯地跟民眾說明「相對論是什麼？」他回答說，簡單解釋是可以，但是背後的知識需要長時間才能弄清楚（心理分析開山祖師弗洛伊德酸溜溜地向愛因斯坦抱怨：「全世界只有十二個人懂相對論，但是對於心理分析，人人可插嘴。」）（圖4-4-3）。

圖4-4-3　愛因斯坦、弗洛伊德。

　　如上述，工研院董事自認瞭解能源，樂於提出高見。

　　即使許多美國人不怎麼瞭解「基改食品」，或其背後的科技，他們仍會品頭論足，包括回應民調、不贊成使用基改以創造新植物。

—— 霍爾門，美國羅格斯大學教授

　　有趣的是，約在2000年，筆者在臺北市議會的公聽會，解釋電磁波的健康效應。會後，與領頭反電磁波的里長寒暄，他不爽地抱怨，不要跟他講電磁波，那是你們讀書人的行話，反正他就是聽不懂，但他與里民就是害怕而反對電磁波。

(1) 反對者深諳汙名化之道

　　國人使用的「基因改造」，有些「負面意涵」，其英文是genetic modification（基因改變），亦即，改變了生物體內的基因，但民眾一聽到「基因改造」，就以為「改造」有問題，想到諸如「思想改造」等陰影，就不寒而慄。

　　1970年代，科學界使用「重組DNA」（recombinant DNA），後來出現「基因工程」（genetic engineering）和「基因改造」（genetic modification），但科學界常用轉基因（transgenic）。諾貝爾獎得主羅伯茲主張，「基改生物」應改稱「精準農業」（precision agriculture），因目標精準。

　　不幸的是，國內反基改者故意挑「情緒字眼」，例如，「基改怪食」、「飼料級食品」。

　　因為電磁波無游離效應，世界衛生組織和電機電子工程師學會，有鑒於媒體和一般人，對「輻射」一詞的聯想（害怕），在有關非游離電磁「輻射」的文件中，均代以非游離電磁「暴露」（exposure）。英文「electromagnetic exposure」，直譯成「電磁暴露」，意為「暴露於電磁波中」。但是許多人

（尤其是害怕電磁波者），愛用「輻射」，後果是惡性循環地更害怕電磁波。

五、標示與否？

反基改者、反電磁波者、反核者，均要求標示，亦即，食品上要貼著基改標籤；變電所和基地台的外面要貼警告牌、隨時顯示電磁波的量（圖4-5-1）；至於來自日本福島的食物一定要拒絕，其他地方的則標示輻射劑量；又隨時顯示國內各核電廠釋放的輻射劑量。

為何政府要標示事物？主要是安全顧慮，例如，香菸需要標識尼古丁，因為尼古丁有害人體，因此需要讓消費者知道，其含量有多少，要不要選擇含量少的買？因此，標示很重要。

1.「有何不可告人而不敢標示」？

反基改者說：「若基改食品真的這麼好，標示以後不是更可以與普通非基改區分，增加銷售率，基改食品業者為什麼堅持不願標示，贊同沒有義務標示或強制標示的必要？」

反基改者說：「為何不敢讓我們知道食物的內涵？有什麼不可告人的？消費者有知的權利！」這種說辭大義凜然，但實情呢？如果認為「知的權利」重要，就應該「認真學習」、真正瞭解基改，而不只是寫「基改」兩字而已，認真學習需花相當的時間和心力，反基改者願意嗎？標示「基改」，就讓民眾

「望文生義」，瞭解基改安全或不安全嗎？恐怕不然，因為反對者志在驅逐基改，而非「瞭解」。要求標示只是托詞、假借公權力打壓基改。

那為何歐盟要求強制標示？2013年，「歐洲科學院科學指導委員會」（歐盟會員國科學院組成），推出報告《種植未來：使用作物基因改良科技的機會與挑戰》，批判民眾與歐盟法規的歧視基改。

美國醫學會聲明，若要標示就要附帶基改教育。

(1)「執行基改標示後，基改就完蛋了」

因反基改者知道，經過他們大力宣傳後，民眾認定「基改」兩字代表「有害」的意思。印度反基改活躍分子希瓦（Vandana Shiva）最「誠實」了，她說：「執行基改標示後，基改就完蛋了。」美國的大學研究也顯示，一般的百姓就是這樣認知的。美國科學促進會（AAAS）在2012年，揭示立場說，標示基改其實是誤導和誤警消費者，如果好好的東西，貼上標示就等同於警告，誤導消費者這個東西有害，你要小心，買的時候你要三思而後行。美國食品藥物管理局說，沒必要標示，因無證據顯示基改會改變食品的安全性；不要求標示是否為基改產品，就像不要求標示採用何種傳統培育技術。因民眾對標示的認知，有如風險警告（就像香菸），而引發對基改食品的「戒心、側目」。

　　夏威夷木瓜外銷日本多年，但其基改木瓜卻備受折騰。日本反基改組織「拒絕基改食品！」推廣團代表說：「基改食品有引起過敏的風險，這是費勁12年才取得許可的主因。」每個基改木瓜上，都貼有「基改夏威夷木瓜」的標示，他一直呼籲「若看到標示基改的木瓜，請向店家要求不要販售該產品。」──啊，這才是反基改者要標示的主因。

　　有機消費者協會創辦者康明斯（Ronnie Cummins）說：「若通過（加州標示）議案，就可永遠將基改食品趕出我國供應圈外。」貼上基改標示，將是經銷商的「死亡之吻」。

── 霖納斯

　　所有經由照射或化學處理的突變作物無一標示「突變育種」，甚至還宣稱是「自然食品」，有些還是有機店的典範。荷蘭突變育種學家哈坦（A. M. Harten）說：「育種者知道民眾認為『生物技術』會導致風險（不管真假），因此，育種者就不提其產品是基因突變過的，以免民眾不買。」

　　有機作物因易受到蟲害，基改玉米比有機玉米少九成的致癌性黴菌毒素（例如：黃麴毒素和伏馬鐮孢毒素），對於這麼毒的汙染，為何不要求標示？（圖4-5-2）

圖4-5-1　反對者要求安全的室內
　　　　型變電所標示警語。

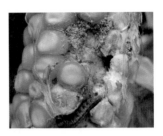

圖4-5-2　玉米受到害蟲咬食，
　　　　易於產生有毒黴菌。

(2) 手機上要標示什麼？

　　擔心使用手機時的熱？使用手機講話時，臉會感到發熱是因手機電池所產生的傳導熱，另一部分原因是手機阻隔冷空氣，導致空氣不對流引起。在頭內因電磁波所產生的熱效應最高只有0.1度，遠比臉上的幾度溫升要低得多。有人擔心手機會將腦煮熟，美國物理學會公共資訊主任派克教授說：「太陽照進我大腦的熱能遠大於手機的量。」在頭內因電磁波所產生的熱效應最高只有0.1度，可能煮熟腦嗎？

　　政府要求手機上，要標示「比吸收率」（SAR）值。美國聯邦通訊委員會聲明，「比吸收率」量度人體吸收手機射頻能量率。一般人誤以為，「比吸收率值」越低，就越安全。實情是，政府為確保手機不超過安全上限，而訂定比吸收率值，是在所有情況下的最大值（最糟情況），反映人體的最大可能暴露值，但單一比吸收率值，並不表示通常使用手機時的射頻暴

露量，因為通訊時，手機經常改變其功率，而使用最小功率，就很少需要最大功率。例如，比較甲與乙兩手機，甲的比吸收率值較高，亦即，最糟情況時較高，但若甲更有效率，而在較低功率下運作，因此，平常通信時，射頻量較低；則若要減少暴露量，以比吸收率值來挑乙，就是被該值誤導了。

因各種手機的比吸收率值差異甚小，並非挑選手機的可靠指標。但比吸收率值的安全規範，已足以保護使用者，只要不超過此值，即可安心使用，而批核上市的手機均符合此規範。

我國國家通信傳播委員會聲明，手機電磁波能量比吸收率值，不超過規範值每公斤2.0瓦，批核市售的均低於此值。

2. 標示的科學根據？

2016年3月，美國加州柏克萊立法通過「手機知情權條例」，成為全美首個必須標示手機輻射風險的城市。有如於香菸包裝上加設警告語句，手機零售商需告知客人輻射風險，並於店內張貼告示，警告客人「若手機在開啟狀態並連接無線網絡，而你把它放於衣服、褲子口袋，或夾在胸罩內，你正曝露的輻射，『可能』超過聯邦政府規範水準」等字眼。

該法的倡議人瑪苛絲（Ellie Marks）宣稱，丈夫於2008年罹患惡性神經膠質瘤；醫生說，可能與使用手機有關。後來，她發現很多與她丈夫一樣患腦瘤甚至乳癌的人，均與使用手機有關，驅使她成立加州腦瘤協會，推動立法拯救生命。她說她

丈夫因為工作關係，在80年代中開始用手機，應已累積使用超過1萬小時；但手機業的製造者，仍千方百計向顧客隱瞞這些資訊，放在說明書很不顯眼處。某媒體走訪柏克萊街頭，受訪民眾均表示，「連自己手機裡有這個警告也不知。」

如前述，世界衛生組織聲明，使用手機並不導致腦瘤等癌症，因無科學證據，可知柏克萊立法只是民粹。至於說廠商「隱瞞」資訊，則看你站在何角度？例如，(1)手機不致癌，廠商被迫標示；(2)標示可能導致賣相差；(3)民眾看到標示而恐慌，不敢使用手機，導致不便或危難時無法求救；(4)標示只是誤導，反映社會的低科學水準；(5)為何一個美國婦女足以「顛倒科學證據、誤導眾生」？

(1) 若要標示電磁波，則應先人人標示自己

2016年5月2日，某媒體頭版聳動報導電磁波，「不時聽說鄰居罹癌」等。又引述臺灣電磁輻射公害防治協會N主任痛批，台電變電所幾乎都無告示，主管的環保署未訂更嚴規範，也沒檢測，讓民眾長期暴露在危險中而不自知。該媒體引述北醫大CW教授說，電磁波恐危害人體中樞神經、免疫及神經系統，台電應對潛在造成癌症等問題告知民眾。

實情呢？美國國家科學院1997年報告《暴露於住宅電磁場的可能健康效應》指出，並無證據顯示，極低頻電磁場（亦即變電所等）對人體健康有害。

人體本為「發電機」，如腦波圖和心電圖所示。人體神經和肌肉活動會自然感應電流，約每平方公尺1毫安培，通常遠比外界高，例如，高壓電線60赫茲磁場在1毫高斯時，感應人體內電流約每平方公尺0.001毫安培，亦即高約一千倍。若要標示電磁波，則應先人人標示自己。

同理，人類基因中有些基因，從細菌等水平轉移過來，因此，我們都是基改生物，每人均應先標示，自己就是基改生物。其次，若以為輻射就危險，要求食物不可測出輻射，則你我均危險，也應標示自己（體內天然）輻射。

(2) 堅持過敏者卻不願受測試

反電磁波的C教授，堅持自己是對電磁波過敏者（圖4-5-3），因此，要求諸如變電所等電磁設施，需要隨時標示電磁波值。2010年，在環保署開會，她原坐在東邊，忽然改坐北

圖4-5-3　諸如法國人自以為罹患電磁過敏症，要躲到無電磁波區，又用絲巾遮身，恓恓惶惶不可終日。

邊，原來她注意到窗外可看到遠方基地台。換位不到一兩公尺差距，就自覺心安，可知是心理作用。會議委員之一為成大公衛教授，正在招募志願者，從事「電磁過敏」實驗，筆者勸C參與，她委屈地說好，但並沒參與。

交大某教授夫人，堅持對基改食品過敏，筆者建議她參與「基改過敏」實驗，但她堅持「死也不肯」參與。2016年，該教授說：「在我太太這種對基改食品敏感的人……我們只能卑微的請求對基改食物明確標示。」但基改不會導致過敏，只是她的過敏認知害死她，正是「反安慰劑效應」心理作用。

以上過敏實驗，皆為「雙盲測試」，亦即，醫師與患者均不知試驗方式，這是科學上相當標準的作業。直到今天，全球多年測試，並無人對電磁波或基改過敏，亦即，無人有能力「肉身」偵測出（居家環境）電磁波或基改。

3. 福島被「貼標籤」

2015年4月16日，媒體標題〈食品遭臺嚴查，日官員不解：科學證據在哪？〉，說日本官員質疑臺灣禁止福島與附近食品的科學依據在哪？畢竟直到現在，臺灣沒有檢測出任何日本食品輻射超標。2014年近三百萬人次臺灣人到日本玩，享受日本美食，日人與臺胞在日本可以吃的東西，為何出口到臺灣就不能吃？

2015年3月，日本福島大學災害復興研究所的丹波史紀

教授來台指出，福島縣去年生產的稻米均未超過100貝克管制值。對於福島人「自立更生」而得的安全產品，為何臺灣民眾一方面熱情捐助當地，另一方面卻拒絕該地產品？他又說，緊鄰福島電廠的浪江町，輻射劑量比福島市低，但還沒有人返鄉，顯示民眾害怕輻射，或怕被「貼標籤」，總之，均受「風評傷害」（謠言傷害）的困擾（圖4-5-4）。

圖4-5-4　福島事故後一年，國際原子能總署署長天野之彌為反核與常散播反核論的日本前首相菅直人（右）澄清輻射風險。

(1) 國民「知的權利」

　　2016年3月，「地震國告別核電　日台研究會」CM會長，不滿台電拒絕她帶領日人進我國核電廠，激起她身為國民對自身安危「知的權利」之意識；國民要知道核電安危的科學真相，「科學真相」是經得任何人、從任何角度勘查所求得的一致結果。

　　2013年9月，CM會長帶日本前首相菅直人來臺（訪核電

廠），目的主要是告訴我國政府及民眾，核能發電毫不安全，他要證明同樣深處地震國的臺灣興建核電廠，無疑是抱著深具毀滅性的不定時炸彈。但菅直人反核有名，例如，2013年7月16日，他控告現任安倍首相，曾為文稱時任首相的菅直人，下令向核電廠注海水，但實情為，電力公司注海水而被菅直人叫停。

其實，國民「知的權利」只是幌子，增加名人反核的聲勢才是目的。但他們努力學習核電科技嗎？

(2) 到處陳情

因為不滿電磁波設施、基改作物與食物、核能電廠與核廢料，相關單位經常接到陳情、甚至抗爭。反對者陳情台電，台電回覆其變電所無害，於是，陳情經濟部，該部回覆內容類似；接著，陳情行政院、監察院、總統府。

各單位常寫回應文件，需分心與花費資源處理這些陳情信；例如，台電工程師只好放下電力建設，改當「文學家」。

在世界規範下，該三項科技均大量造福民生、環保。但是，環團等反對者，誤導社會、引起恐慌，而科學家「束手無策」，眼睜睜看著，反科學者「指揮」媒體與立委，將變電所封住、將基地台趕走、將基改食品趕出校園、將核電廠關閉、將臺灣改成非核家園。

科學家自認幫忙社會，解決糧食與能源等問題，反科學

者也自以爲是；爲何對於同樣的科技，兩造呈現不同的「正義感」？主因是，反科學者不解科技，卻好發議論。

六、公權力何在？

政治人物若不能善用公權力，或一味討好選民，則有愧其職責。我國公權力不彰，政府官員不守分寸，是主因之一；接著，民眾食髓知味，領悟可以予取予求，於是惡性循環。

其次，官員不解科技，又缺學習與求真意願，剛好讓民代和媒體有機可乘。

(一) 地方政府不能拆除基地台

在臺灣，每年上百基地台，遭抗爭而拆除，原因通常只是民眾「感覺」或「聽說」有害，民代則樂於當業績與拉選票。但國家通信傳播委員會要求「覆蓋率」，電話公司就需在附近另找地建立。基地台一來一往約需兩百萬元，「羊毛出在羊身上」，你我每人分擔這些費用；亦即，你我付錢給這些民粹與民代「演出」之用。

美國聯邦通訊委員會核准建立的基地台，地方政府不能以健康顧慮等各式藉口而拆除。國家公權力必須伸張，而非受民粹擺布（圖4-6-1）。

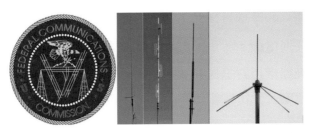

圖4-6-1　美國聯邦通訊委員會核准建立的基地台，地方政府不能以健康顧慮等各式藉口而拆除。

(二) 地方政府不能杯葛核電廠

2000年，「核四計畫再評估委員會」第十次會議中，李代委員提到美國紐約州秀崙（Shoreham）核電廠（圖4-6-2）：「秀崙廠建了22年，花了55億元，因擔心風險，整個廠仍以一塊錢賣給政府而關廠。」

該故事多次出現在反核文宣中，一來表示核能發電為人唾棄，並得不到美國政府的支持；二來表示美國政府以民意為依歸，不許核能電廠運轉。但這是反核者的錯覺（或騙局）。

實情是：美國能源部儘量促成該核能電廠運轉，以緩和美國對進口石油的依賴程度、減少貿易赤字、減少酸雨空汙與溫室效應。核管會要修法確定，核能電廠安全管制的權責，屬於聯邦政府，秀崙電廠的運轉執照不能因地方政府的杯葛而停擺，只要電力公司證明所規劃的緊急計畫，沒有執行上的困難，即可核發運轉執照。在地方利益與國家利益相衝突的情形

下，大部分的眾議員選擇支持聯邦利益，即核管會可將新的法規用於任何電廠。於是，核管會批准秀崙電廠的運轉執照。但紐約州長為維持對選民的關廠承諾，運作議會同意「形式上」以一元買廠，然後關廠；實際上，民眾支付所有費用（攤提於電費）。

(三) 美國可種基改作物，為何臺灣不行？

2014年，美國94%的黃豆、96%的棉花、93%的玉米均為基改作物。但臺灣完全不准種植，倒是進口許多基改食品。美國國家科學院與百餘位諾貝爾獎得主，均支持基改不傷人與環境，為何我國不准種植、而准進食？形若掩耳盜鈴？

例如，2008年，中研院分子生物研究所的水稻生技專家余淑美院士，授權廠商基改稻米，因農委會反對而在國內過不了田間試驗關卡；政府又限制不得將產品賣到海外，僅能透過技術授權方式與國外共同合作。中興大學校長蕭介夫指出，政府對於基改作物的政策並非「不明」，而是「不准」，例如，該校葉錫東教授十年前已研發出基改木瓜，可對抗輪狀病毒，但是至今政府不開放上市，造成對岸中國的技術超越臺灣；基改作物不能在臺灣上路，主要原因是環保團體的壓力。

(四) 「選址」反應國民素質與命運

全球使用電磁設施上百年，從無一證實的「電磁波致人於

死」個案[1]。全球也無一件基改食品致人於死的個案（相對於傳統食品），世界衛生組織的聲明很清楚。全球使用美式核電六十年來，從無一人死於其輻射。

但在臺灣，要找個地方建設變電所、基地台、核電廠等，難如登天。種植基改作物？門都沒有。

選任一地方，總有藉口反對，在人多的地方，就是罔顧當地人民生命，在人少的地方，就是欺侮弱勢。還有更具創意的，例如，風水不容、祖靈不安。

反對者的真正理由，包括受到誤導而害怕、補償金不公平、有礙觀瞻、房地產下跌、為政治立場而反對。

一個國家總需要這些基礎建設，何況其福祉遠多於風險。也許要缺電時，民眾才會同意建設變電所；急著救護自己家人時，才會同意建設基地台。但此時，可能已經來不及。至於核電廠，從規劃到送電，起碼十年。

(五) 反對科學者，何時會後悔？

2011年，臺東縣達仁鄉新化村民，寧要「健康」不要「通訊」，於是決定拆除基地台（圖4-6-3）。源頭是13年前設置

1　被電死是另一回事，那是電流所致，不是電磁場。至於手機基地台，在臺灣，唯一的案件是，2010年10月25日，在臺中，因受到抗爭，而拆除屋頂基地台時，疑因風勢過強，基地台忽然掉落，砸中一名剛買披薩準備回家的臺灣體育大學男學生，不幸死亡。

圖4-6-2　美國紐約州秀崙核電廠。　　圖4-6-3　臺東縣達仁鄉新化村。

了基地台後，反對者宣稱，有3村民癌症往生，又有多人頭暈、呼吸困難等症狀，還有全國各地頻傳抗爭「範例」，於是村民有樣學樣地怪罪與抗爭，然後拆除。結果，兩年來，因該村手機不通，村民體認市話撥外界手機費用太高，又眼睜睜看「網內免費」飛了，哀聲連連。連當地派出所也遭殃，為民服務時通話費遠高於行政費，員警得自掏腰包分攤超額。懊惱之餘，該村要求電信公司恢復基地台。拆台後，該村更健康了嗎？應是找人不易、山中迷路無法求救、通訊費更高等，而更焦慮、積憂成疾。

約2008年，有環保團體領袖，帶頭抗議高壓電與基地台等設施，因害怕電磁波。後來，工研院專家費盡心力，為他詳細解釋其科學原理與健康效應，包括在國際規範下，實在不用擔心電磁波等。他恍然大悟，轉行而去。想當年，他祭起環保護民大旗，口口聲聲為社會公義，居然只是荒謬春夢。

當前民眾反對電磁波、基改、核能，有一天，會後悔嗎？

1. 業界有何原罪？

反科技者常對政府或業界不爽，因科技害了他們，抱怨政府是「沒站在受害者這邊」，而業者是「利益者」。相對地，民代則常受歡迎，因為民眾一想要抗爭就找民代，民代雖不解科技，但「民之所欲常在我心」，就順民意。

(1) 好人壞人是「常態分布」

鐘鼎山林人各有志，社會「士、農、工、商」各有正負作為，其成員也各有好壞，就如各人自有優缺點，均呈「常態分布」。就如民代，有志在為民服務的，也有爭權奪利的；業者亦然。其次，好人受獎與壞人受罰，而非依職業論斷，社會才會進步。大家遵照法規，而非被民粹牽著鼻子。

2006年，《電子時報》刊文〈電磁波爭議：當常民遇上失靈的科技理性〉，認為電信業者喜歡引用世界衛生組織聲明駁斥反對者，是選擇性的引用利己資訊，為利益團體的慣用手段。2007年，筆者在台大文學院演講電磁波，一位外文系教授對筆者說，電信業者是大財閥，財大氣粗，可以收買各種利益、掩飾各種不利的言論和研究，「您不要被騙了！」

2014年，臺灣主婦聯盟生活消費合作社發表〈那些悄悄來到餐桌上的基改食品〉說，雖然夏威夷的木瓜業靠基改才重新站起來，但接著否定它：「一般來說，幾乎所有基改作物的開發完全是為了開發者的利益，而未對自然界或是消費者帶來益處。」

基改木瓜工作並沒讓我富有，但看到人們受益給我極大的滿足感。有些人因哲學觀而反對基改。我的目標是從事優質科學，並以科學判斷其對人的安全性、對環境的風險。幾年前，我住院，有夏威夷員工來找我，說：「我認識你，你是岡少夫博士，我很高興看到你，因為你開發救助的木瓜，讓我仍可種植木瓜。」這讓我感覺超棒。

—— 岡少夫，2012年

(2) 歸根就底是「有無造福社會」，而非「是否業界」

美國國家科學院、工程院、醫學院三院院士，均有來自產業界者。三院的「實際操作」者為國家研究委員會，受各界委託產出的報告參與者，也包含產業界菁英。諾貝爾獎得主也有來自產業界的，例如，美國電話與電報公司有七位科學家先後榮獲諾貝爾獎，包括1947年發明電晶體，而榮獲1956年諾貝爾物理獎的科學家。

2014年，應英國首相卡梅倫（圖4-6-4）的要求，英國政府首席科學顧問華爾波特爵士（Mark Walport），領導英國政府科技諮詢委員會團隊，評估基改技術的風險和益處，根據的是兩份報告：英國劍橋大學植物遺傳學家與皇家學會院士包孔博（David Baulcombe）爵士（圖4-6-5）團隊的《最新基改科學》、歐洲科學院科學指導委員會的《種植未來》。但反基改

圖4-6-4　英國首相卡梅倫。

圖4-6-5　英國劍橋大學包孔博。

的「基改觀察」（GMWatch）組織，批評報告作者與產業有關連，例如，包孔博為跨國公司先進達的顧問，接受其研究資金，因此，其觀點要當商業行銷一樣質疑。則該報告中，哪一點是商業行銷？哪裡有違科學？

　　類似地，2016年5月17日，美國國家科學、工程、醫學院報告發布《基因改造作物》，聲明基改對人與環境安全。《紐約時報》報導，寫報告的基改作物委員會由20人組成，其中大部分來自學術界，雖沒人在農技公司工作，但部分人曾研發過基改作物，並可能擔任過一些公司的顧問。2016年6月30日，百餘位諾貝爾獎得主聯名公開支持基改，即有反基改者不滿，說號召者的工作單位和基因改造有關，疑有利益衝突而護航基改。

　　擔心研究者受到資助者影響，諸如《自然》與《科學》等世界重量級期刊，要求文章作者公布「是否有利益衝突」；但沒「禁止」發表。因此，「倫理道德」的實踐，要依個案，而

非依其背景或資助者。英國《自然》期刊，常有專輯，由業界資助。

我們該質疑科學研究是否有（科學）錯誤？而非作者是否與業界有關。社會可質疑「是否有利益衝突」？而非不准服務社會。公正對待每一人，而非「獵巫」般批鬥業界。

(3) 勿枉勿縱，善哉

2015年，反基改者為文，一開頭即說：「由孟山都等五大糧商贊助的科普座談」，為其反基改論述鋪路。意有所指地，廠商以其利益收買科學家的心，所以，將扭曲科學的正確性？

類似地，2011年，C獨立記者為文說，環保署聘任職「臺灣電信產業協會秘書長」的筆者，當電磁波專業會議主席。中正大學CT教授指責，筆者幫台電宣傳低於833毫高斯沒問題，怎可當環保署的專家會議主席？C記者貼文讀者回應：「原來我們的孩子都被電信、電力業者耍的團團轉，騙人說電磁波無害，結果他自己得了榮華富貴，無知百姓當他的墊背，這種沒親自待在833毫高斯電磁波環境的專家，憑什麼說無害？長期住在20毫高斯都痛苦得要死了。」

筆者自1970年起，參與公益刊物《科學月刊》，志在服務社會、推廣科學教育。2008年，由台大出版《電磁恐慌》（圖4-6-6），希望幫助國人正確瞭解電磁波的健康效應。2009年，備受反電磁波者抗爭的電信協會，找筆者幫忙宣導正確科

學知識，因當時反電磁波者人多勢眾，很少科學家挺身澄清。筆者個性「見義勇為」，也深知社會氛圍，而有「被扣帽子」的準備，就如達爾文（圖4-6-7）憋了20年才敢發表演化論。怪啦，伸張正確知識者，還需委身求生！社會正義何在？

　　2011年，在環保署會議中（圖4-6-8），環團找T立委、北醫大CW教授等多人圍剿筆者，他們無力瞭解電磁科技，但見獵心喜地砲轟出版《電磁恐慌》（宣稱錯誤不少，其實不然）

圖4-6-6　本書榮獲國家出版獎。

圖4-6-7　達爾文提出演化論。

圖4-6-8　環保署電磁波專家會議（2009年6月5日第一次專家會議）。

的台大、利益團體的秘書長。她們當可質疑是否偏頗牟利，但請舉出證據，而非一見業界就抹黑、貼標籤。筆者主持環保署專家會議，沒有科學偏頗，會議記錄全公開。倒是專家之一的交大W教授，受不了C教授經常發言不科學，憤而辭職。

2. 科學家的社會責任

科學家也是社會一份子，也當顧慮及科學對社會的影響。大部分的科學家參與社會服務工作，提供科學意見。粗略而言，科學家算是社會中，受到尊敬與信任的成員。

(1) 直接改寫DNA

2012年，瑞典于梅奧大學的夏本惕爾（Emmanuelle Charpentier）和美國加州大學柏克萊分校的杜德納（Jennifer Doudna）團隊（圖4-6-9）發表文章，發現細胞內有一種遺傳機制，可讓科學家輕鬆又快速剪接基因組；該基因剪輯工具名稱

圖4-6-9　2016年9月，夏本惕爾和杜德納，在臺北接受唐獎榮譽。

「群聚且有規律間隔的短回文重複序列」（clustered, regularly interspaced, short palindromic repeats, CRISPR）關聯蛋白（associated protein, CRISPR/Cas9）。

我們早就能讀與寫DNA：我們有機器定序DNA（讀）、合成DNA（寫）。但我們做不到的是「編輯」（重寫）。

—— 杜德納（Jennifer Doudna），美國加大生物教授

2015年12月，美國《科學》期刊公布，2015年十大科學突破，基因編輯技術CRISPR居冠。其成果包括中國中山大學團隊，修改人類胚胎的一個基因，而避免該基因突變導致地中海貧血症；哈佛大學團隊，剔除豬細胞中62個逆轉錄病毒基因，清除異種器官用於人體移植的重大難關。CRISPR由兩部分組成，一部分是可以切割基因的「手術刀」蛋白Cas9，另一部分是拖著手術刀，在基因組中精確定位的嚮導RNA。

但倫理學家擔心，不當使用可能造成負面效應。

(2) 設想病患處境：人道考量

2014年2月，有科學家使用此技術改變馬來猴（圖4-6-10，和人的很相近而常作為人遺傳疾病的動物模式）的基因體，記者問我對該研究的意見。看了文章後，我望向窗外，俯瞰舊金山灣，設想若下一記者問我，使用基因體編輯技術於人

胚胎時，要怎麼回答。第二天，早餐時，我問丈夫：「再過多久會有人以此技術用在人上？」同時地，我一直收到詢問處理嚴重遺傳疾病的郵件，例如，一位26歲女士說她帶著BRCA1突變，亦即，在70歲前，她有六成的機率會罹患乳癌，她正要考慮手術切除乳房與卵巢，因此，來問我，是否此技術可讓她免於手術。

—— 杜德納

2016年3月，《科學美國人》報導，美國密蘇里大學生物學家使用該技術，解決「豬繁殖和呼吸障礙綜合症」（俗稱藍耳病，圖4-6-11）問題，該症出現於1980年代，導致全球豬隻流產、生病、死亡，北美損失達六億美元（疫苗大致不管用）。2015年，美國加州大學戴維斯分校生物學家，用此技術育種「無牛角」牛，因牛角常導致牛隻與農夫傷亡。

圖4-6-10　馬來猴。

圖4-6-11　豬繁殖和呼吸障礙綜合症（藍耳病）。

　　2016年4月13日，美國農業部表示，不管制以該技術改變基因的一種蘑菇，這是該技術首度通過不用管制的產品，來自賓州大學植病與環境微生物學教授楊亦農，除去幾個雙孢菇的基因，而得不變褐色的蘑菇。早期的基改生物中，使用包含細菌的基因片段，美國農業部決定，應審查植物裡含菌DNA，但楊亦農的蘑菇的基因體裡沒有添加任何DNA。

　　在美國，牛角傷及牛本身與人，因此，約八成牛角遭切除，這讓擁護動物權者批為殘酷（圖4-6-12）。科學家使用基因編輯技術，產生無牛角的牛。

　　2016年6月，美國國家衛生研究院，批核使用該技術，修飾癌症患者的免疫細胞，更具偵測與消除癌細胞能力。

圖4-6-12　牛角傷牛與人，但切除牛角卻被擁護動物權者批為殘酷。

(3)「不知人間疾苦」

　　1973年史丹佛大學重組DNA實驗成功，該校生化教授柏

格（Paul Berg，1980年諾貝爾獎得主，圖4-6-13）於1975年，號召生物學家、律師、醫生、倫理學家、媒體等，於加州阿西羅馬（Asilomar），召開「阿西羅馬重組DNA會議」，研擬自願的研發準則，以確保重組DNA科技的安全。25年後的2000年，又共商而名為「國際重組DNA分子會議」。

圖4-6-13　史丹佛大學柏格、1975年於此召開「阿西羅馬重組DNA會議」。

　　兩次會議均為科學界的「自我約束」。但反基改者看到的是科學家的「猶豫」與「逾矩」，於是，以其危險遐想，有效地把環保、人體健康、衛道等人士聚集，他們深知群眾運動的妙用。老實守規矩的科學家，不知反對者自有一套遊戲規則，不以科學證據論事。即使科學家很自制，反基改者一直見縫插針、反對到底。

　　2015年1月，幾位阿西羅馬會議老兵與當前「基因編輯」先進，檢討新基因科技的福祉與風險。兩個月後，她們在《科

學》為文詢問，科學界若自願限制研發CRISPR/Cas9，是否明智？並建議召開類似會議。於是，美國國家科學院與醫學院，聯合英國皇家學院與中國科學院，在2015年12月，召開「人類基因編輯」會議。約20國400人與會，其中75位記者。同步網路播放時，吸引約70國觀賞者。

結論包括，除非相關的安全與效能顧慮已經解決，又有廣泛的社會共識，否則從事生殖細胞系的臨床應用，就是不負責任。但史丹佛大學分子生物學家密勒（Henry Miller），認為上述觀點，「不知人間疾苦」，因科技進步一日千里，例如，2016年1月，《自然》期刊有文指出，以CRISPR/Cas9技術，已可將錯誤率遠低於3兆分之一（人類基因體含有30億個鹼基對）。治療的進步需要提供機會，例如，1970年代時，骨髓移植一開始就像原始科技而成功率低，但隨後發現的免疫抑制劑與其他進展，讓成功率大幅提升。沒有逐漸的或大步的改進，就無後來的普遍福祉，因此，需要開放醫學臨床試驗，而非暫停。諸如悲慘的鐮狀細胞性貧血症，就是來自雙親的一個缺陷血色素基因，而應治療。

通常涉入人體的醫療，會使政治人物與宗教家等人心生疑慮。但隨著時間的過去，這些焦慮會漸漸消失，最後，人們會接受這些原被視為邪惡的技術，試管嬰兒就是範例。但在適應過程中，最強硬的反對聲音始終存在，因此，我們可以合理預

測，一百年甚至五百年後，仍有人以各種理由反對試管嬰兒。

—— 魏爾麥（Ian Wilmut，圖4-6-14），1996年

圖4-6-14　英國複製羊之父魏爾麥與其成果。

七、自己健康自己顧

由統計可知，我國每人一生罹癌機率約為25%（每百人中，約25人會罹癌；但英美日等先進國，一生中有三分之一的機率罹癌），因此，癌症相當普遍，面對之道是與癌症和平共處，而非恐慌，更不要隨便歸罪。

我們有限的觀點、期盼、恐懼，成為我們衡量人生的工具。

—— 富蘭克林（圖4-7-1），美國開國元勳與科學家

1. 教育 vs. 洗腦

洗腦指系統地，意圖灌輸某價值觀思維；沿於1950年代韓戰，美國士兵被中國人民志願軍俘虜後，接受共產黨的思想改造，回美國後，支持中國政府，因此美國記者韓特（Edward Hunter），創造「洗腦」一詞。

洗腦與一般宣傳類似，均重複地「心理暗示或明示」，包括讚揚、推廣某事；不同之處在於，洗腦具有強制持續、不能質疑、與外界隔絕、批判。

2004年，英國牛津大學生理教授泰樂（Kathleen Taylor），出書《洗腦：控制思想的科學》，由人類大腦推理和認知的神經科學，可知當不實的與意識形態的描繪，蓄意與重複的灌入大腦，會讓神經元間更加暢通，就可影響人的感情和信仰；限制資訊自由是政治洗腦的特點，多元資訊才能培養獨立思考能力，免被惡意洗腦。

1933年，德國希特勒的首任內閣中，設立「宣傳及公共啓蒙部」，目標是確保納粹思想成功地滲透到藝術、書籍、廣播、新聞等。宣傳部長戈培爾的名言「謊言重複千遍即成眞理」，稱爲「戈培爾效應」，例如，「曾子殺人」。

(1) 每人注意到保護自己

從另類角度而言，學校教育也是一種洗腦，例如，選用某種學術或觀點的教材。個人自選「榜樣」與「座右銘」也是

隨時「洗腦」自己。教師的責任重大，不論動機或措施，均需「助益」學生，實爲「良心」事業。至於科學呢？科學提倡質疑錯誤、挑戰權威（科學進步一因），因此，科學不是洗腦。

或因一些反對者恐慌而常發表聳動吸睛言論，媒體不斷傳播其反對電磁波、基改、核電的觀念，觀眾就會不知不覺被洗腦，認同其傳播內涵。但眞正專家的美國國家科學院等，其聲明或澄清卻少媒體傳播，或因無趣難懂。因此，反對者論調所向批靡，難怪社會氛圍如此負面。

國內具有公信力的環保署、衛福部、原能會等均提供各式風險等資訊，期望國人擁有正確保護自己身心健康的知識（圖4-7-2）。

圖4-7-1　美國開國元勳富蘭克林。

圖4-7-2　為何不在乎垃圾食物和肥胖，而只看到基改食品？

(2) 相信的力量

美國康乃爾大學心理教授班姆（Daryl Bem）（圖4-7-

3），也是魔術師，多年來，在課堂上一再表演靈媒與心電感應等，結果95%的學生「眼見為憑」地信以為真。事後，班姆跟學生解釋，那只是魔術，儘管如此，只有一成學生改變心意。似乎人有形成信念就難以改變（根深蒂固）的傾向。

信念讓人成為「社會主義者、登山客」等。若你相信「只剩三個月可活」、「世界末日下週即到」等，上述只是「字」，但在你相信後，即操縱你心理，決定你的慾望、恐懼、後續行為。

信念可造成生理效應，諸如糖丸等「安慰劑」，可促進身心健康。使用「功能性磁振造影」可知，安慰劑活化腦部的區域，就是腦內啡等天然的鎮痛劑作用處。另外，舒解憂鬱的安慰劑，在腦中活化之處，和抗憂鬱藥〔樂復得（Zoloft）等〕活化的一樣。安慰劑效應的形成為主觀的，此即為何安慰劑對主觀的病情（焦慮等）較具效用。2002年，美國有文〈對付抑鬱症，糖丸安慰劑難以匹敵〉，安慰劑的療效來自「相信有效」。

人的信念力量何其大，每人要注意自己信念的正確度、背後資訊之源。

(3) 正確知識取代恐慌（也省錢）

錯誤的科技觀念導致恐慌、浪費。2015年8月，英國發明家柏金斯（Joseph Perkins），研發出抗輻射內褲，號稱可以阻

絶九成以上的輻射，因他自以爲常用手機、電腦，若根據媒
體，曝露在大量輻射中，會造成男性精子受損、不孕症。這款
名「無線盔甲」的內褲，外觀和一般男性內褲無異，但含有純
銀線鑲入布料內，有助男性保住「雄風」。英國知名企業家布
朗森（Richard Branson，圖4-7-4）譽爲「超級英雄內褲」，但
他專長不在電磁，若信他稱譽，則慘當冤大頭了。

圖4-7-3　美國康乃爾大學教授班姆。

圖4-7-4　英國企業家布朗森
　　　　　不解電磁波效應。

　　類似地，手機護貼曾風行一時。1999年，世界衛生組織第
226號文件聲明：「市場出現宣稱具有射頻屏蔽性能的衣物，
宣傳對象爲諸如孕婦。其實，應禁止它們。」2003年，美國聯
邦交易委員會發布〈聯邦交易委員對手機護貼廠商的指控〉：
阻波手機護貼廠商宣稱，能阻絕手機99%電磁輻射而保護消費
者，是無根據與錯誤的。
　　另外，諸如一些有機和天然食品商，因自利或誤解，強烈
反對基改。

民眾不解科學而盲從反對者，可能害己害人；例如，以為電磁波傷人，拆除基地台，只是使得電磁波更強；以為基改食品傷人，立法將它排除於校園午餐，只是傷害莘莘學子；以為核電傷害社會，硬要非核家園，只是加速地球暖化與石化資源枯竭。

2. 國際癌症研究署現象：「香蕉皮」與「汽車」同類風險

國際上致癌性物質分類標準，主要依據世界衛生組織的國際癌症研究署（IARC），但其主張「只基於證據的強度（致癌性）」，而非暴露導致癌症風險，亦即，對某事物致癌的如何有信心，但非它們導致多少癌症。

截至2015年，國際癌症研究署已分類982項可能致癌物：

第一類 （Group 1）	人類致癌物 （117項）	流行病學證據充分
第二甲類 （Group 2A）	對人類可能為致癌物 （74項）	流行病學證據有限或不足，但動物實驗證據充分
第二乙類 （Group 2B）	對人類懷疑為致癌物 （287項）	流行病學證據有限，且動物實驗證據有限或不足
第三類 （Group 3）	無法判定為致癌物 （503項）	流行病學證據不足，且動物實驗證據亦不足或無法歸入其他類別
第四類 （Group 4）	可能不是致癌物 （1項）	人類及動物均欠缺致癌性或流行病學證據不足，且動物致癌性欠缺

國際癌症研究署志在找出危險源，但非評估其風險值。比

喻而言，香蕉皮會導致事故，但實際上，這不常發生，因此，我們踩到香蕉皮而出事，不會像車禍那般嚴重。但在國際癌症研究署分類上，「香蕉皮」與「汽車」會分在同一類，因為均導致事故。源頭是該署分類某物時，並不評估風險，而是根據危險（圖4-7-5）。

圖4-7-5　國際癌症研究署會將「香蕉皮」與「汽車」分在同一類。

若論癌症，風險是致癌的機率，危險則為是否有致癌的潛力。某物具有癌症危險，指在一些情況下，暴露於該物中會導致癌症。某物的風險，則指暴露於該物中，致癌的可能性。

但該署在專著標題上，均使用「風險」這字；實際上，只是「找出致癌危險，即使當前的暴露程度很低」。但只找危險有其缺陷，例如，很難證明某物不會致癌，例如，至今，該署分類中，只有一項物質（己內醯胺）是「可能不是致癌物」；該署分類中並無「非致癌物」。其分類並未表明某物的危險性，只表明該署認定該物有危險的程度，這就讓人混淆；例如，抽菸與加工肉分在同一類，但抽菸風險高很多；這會讓人

擔心不該擔心的，或甚覺得反正物物致癌，何須停止抽菸？

在科學上，聚焦於危險是過時了，因為世界上充滿致癌物，但在低劑量時並無害。

(1) 凡事為程度問題

1991年，國際癌症研究署將咖啡列為懷疑為致癌物2B，因當時研究認為增加膀胱癌風險。2016年，改說並無適宜證據將咖啡本身列為致癌物，而是喝的咖啡溫度。類似地，2016年6月，國際癌症研究署將「熱飲」（超過65℃，比一般咖啡店提供的稍冷），列為可能為致癌物2A，會增加食道癌風險。

2015年10月，該署將「紅肉」（所有哺乳類動物肌肉）列為可能為致癌物2A。加工肉品（經鹽漬、醃漬、發酵、煙熏等處理）則為致癌物第一類，因導致大腸癌的證據充足。我國國衛院國家環境毒物研究中心，特別澄清「此系統的分級，並不是指暴露化學品後發生癌症的可能性高低，因此不能用於說明致癌風險高低」，因其為風險分類，顯示引起癌症的證據強度，但發展成癌症的機率取決於多項因素，例如暴露的物質種類、程度以及致癌物質的作用能力等（圖4-7-6）。

致癌物清單越來越長，例如，截至2016年6月，可能為致癌物2A已增為79項。以後只會越來越長，會誤導世人難辨福祉風險、浪費資源嗎？

圖4-7-6　抽菸與加工肉分在同一類，但抽菸風險高很多。

其實，正如毒物學名言，「關鍵在劑量」。酒精被國際癌症研究署列為第一類致癌物。攝取多量會致癌，例如，食道癌。另外，一瓶威士忌（700毫升）就含足以致命的酒精。適量的酒有益健康，但多量卻有害，這又可說明巴拉賽瑟斯原則「關鍵在劑量」。又如有用如水，但若在短時間內喝大量水，可導致腎臟無法排出過多水，而產生身體滲透壓下降，稱為低血鈉（俗稱「水中毒」），造成意識混淆、昏迷、甚至死亡。

八、我們只有一個地球

2016年，美國哈佛大學生物學家威爾森（Edward Wilson），出書《半個地球》，呼籲為了避免包含人類的大滅絕，必須儘快保育生物多樣性，將半個地球劃歸自然野生。

地球46億歲了（圖4-8-1）。11700年前，開始全新世（Holocene，最年輕的地質年代），環境適合人類發展，但

圖4-8-1　1968年從太空中目睹「地球
　　　　升起」、狀如藍色彈珠。

圖4-8-2　荷蘭大氣化學
　　　　家克魯岑。

一百多年來，人類大量改變生物圈。在宇宙時間長流中，人類的出現時間甚短，但已成地球主宰，結果將影響甚久之後。未來的古生物學家，將容易地從沉積層中，找出我們這一代，因為盡是武器、塑膠等。

1. 已到「人類世」時代

　　1995年，荷蘭大氣化學家克魯岑（Paul Crutzen，1995年諾貝爾化學獎得主，圖4-8-2），創名「人類世」（anthropocene），因人類活動對地球的影響，足以成立一個新的地質時代。至於起始點，有些人認為始於8千年前人類務農取代狩獵；也有主張始於18世紀末，瓦特發明蒸汽機開啟工業革命（圖4-8-3），影響全球氣候與生態系統；負責分類的人類世工作組，則建議始於1945年，人類首次測試原子彈（圖4-8-4）。

　　人類活動的明顯足跡，就是大氣中二氧化碳的含量上升。

圖4-8-3　瓦特發明蒸汽機
　　　　開啟工業革命。

圖4-8-4　1945年，人類首
　　　　次測試原子彈。

在過幾百萬年間的冰河期與間冰期循環，二氧化碳的含量，在約180～280ppm之間變化。到了人類世，在2006年已增至383ppm，主因是石化燃料的燃燒。2016年，《科學》期刊研究文章指出，人類世的7個「信號」：(1)核子武器；(2)全球暖化；(3)大滅絕；(4)石化燃料；(5)新材料：水泥、塑膠等；(6)肥料；(7)改變地質，人類已改變至少一半的地球陸地。

2003年，萊斯大學教授斯莫利（Richard Smalley，1996年諾貝爾化學獎），提出未來50年人類的10大難題：「能源、水、糧食、環境、貧窮、恐怖主義與戰爭、疾病、教育、民主、人口」。2004年，聯合國高階威脅小組提出10大威脅：「貧窮、傳染病、環境惡化、國際戰爭、內戰、種族大屠殺、其他暴行、大規模殺傷武器、恐怖主義、跨國組織犯罪」。

環境問題是每人的責任，全球暖化已迫在眉睫。

2. 關懷全球的組織

(1) 羅馬俱樂部

1968年，在義大利羅馬，義大利學者和工業家佩切依（Aurelio Peccei，圖4-8-5）、蘇格蘭科學家金恩（Alexander King，圖4-8-6），發起成立「羅馬俱樂部」（Club of Rome）智庫（圖4-8-7），其世界觀為(1)各國逐漸互相影響與依賴；(2)尋求宏觀的解決方案；(3)以長期觀點解決問題。成員包括諾貝爾經濟獎得主史迪格里茲（Joseph Stiglitz，圖4-8-8）、前蘇聯總統戈巴契夫（Mikhail Gorbachov，圖4-8-9）等，輪流在世界各國舉辦年度會議。

1972年，它發表第一份報告《成長的極限》，預言經濟成長不可能無限持續下去，因為石油等自然資源的供給是有限的。1973年的石油危機加強了公眾對這個問題的關注。1974年，第二份報告《人類在轉折點》，稍修第一份報告。

1991年，發表《首度全球革命》，分析人類的難題。當前汙染、全球暖化、缺水、缺糧就是共同的敵人，但均來自人類施加於自然界，真正的敵人就是人類自己。

2009年，提出三年計畫「世界發展的新路徑」，因當前局勢比1972年發表第一份報告《成長的極限》時更嚴峻。

(2) 國際應用系統分析研究所

1972年10月4日，美蘇等12個國家代表，在英國皇家學

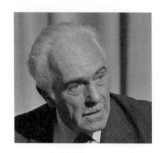

圖4-8-5　義大利學者和工業
　　　　　家佩切依。

圖4-8-6　蘇格蘭科學家金恩（左）。

圖4-8-7　1968年，「羅馬俱樂部」成立、出書《成長的極限》。

圖4-8-8　諾貝爾經濟獎得主史迪
　　　　　格里茲。

圖4-8-9　前蘇聯總統戈巴契夫。

圖4-8-10　國際應用系統分析研究所。

圖4-8-11　美國詹森總統與蘇聯柯
錫金總理。

會，簽署成立國際應用系統分析研究所（IIASA，圖4-8-10；原由美國詹森總統與蘇聯柯錫金總理主導，圖4-8-11）。總部設在奧地利維也納，以科學合作橋接冷戰雙方，研究超越單一國家與領域的複雜議題。從事跨領域科學研究，包括全球變化中的環保、經濟、技術與社會議題。目標在經由應用系統分析，提供全球決策者洞察力與指引。

　　例如，1980年代，化學家、生物學家、經濟學家合作的水汙染研究；此作法引起廣泛模仿，例如，聯合國「跨政府間氣候變遷小組」（IPCC）。

　　該所為非政府組織，主要由各會員國的科學組織資助，目前包括澳洲、奧地利、巴西、中國、埃及、芬蘭、德國、印度、印尼、日本、馬來西亞、荷蘭、挪威、巴基斯坦、韓國、蘇俄、南非、瑞典、烏克蘭、美國等20國。每年約有200位研究員聚集於該所研討。

　　2010年，提出未來10年策略計畫，聚焦於三議題：能源與氣候變遷、糧食與水、貧窮與平等。

　　1984～1987年，該所所長為美國國家工程院院士李天和教授（圖4-8-12），實為華人之光。

3. 遠看成嶺側成峰

　　美國加大洛杉磯分校演化生物學家戴蒙（Jared Diamond，圖4-8-13），關心全球文明走向，表達於三書：人類歷史三部曲之一《槍炮、病菌與鋼鐵：人類社會的命運》，發表於1997年，認為各地的自然資源（生物地理）不同，導致各社會的發展有落差。三部曲之二《大崩潰：社會如何選擇失敗或成功》，發表於2005年，討論社會面對環境問題的應變能力如何？如何避免生態毀滅？三部曲之三《昨日世界：找回文明新命脈》，發表於2012年，提出借鏡傳統社會智慧，以幫助解決

圖4-8-12　李天和教授曾任國際應用系統分析研究所所長。

圖4-8-13　美國加大演化生物學家戴蒙。

爭端、危機應變等。

另外，美國史丹佛大學歷史教授摩里斯，他指出摧殘社會的因素「氣候變遷、飢荒、遷徙、疾病、國家敗解」，稱為「末日五騎士」（源自《聖經‧啟示錄》的四騎士「瘟疫、戰爭、饑荒、死亡」，揭示對末日的預警），他擔心，將來能否在五騎士重擊前，人類合想全新的共存模式？例如，工業革命帶動全球科技進步，但也促使氣候變遷，則可能產生「氣候難民」，而難民遷徙引發的災禍之一就是疾病，就像十四世紀的黑死病等瘟疫大流行。

諸如世界氣象組織與美國國家海洋與大氣管理局等，深具公信力的單位一再聲明全球漸熱，例如，2016年前半年，比2015年的前半年更熱0.2℃，而為有記錄以來最熱的。氣候變遷的暖化與極端氣候等，主要來自溫室氣體，而人類大量使用的石化燃料就是禍首。人類需儘快處理此「迫在眉睫」的難題。

基改與核能是減緩全球暖化的得力助手，關心地球的環保者，理當「另眼相看」，正確地瞭解與善用它們。

(1)「浪子回頭」

也許，最有名的「浪子回頭」個案是，英國環保者霖納斯（Mark Lynas，圖4-8-14）。2010年，他在雜誌為文〈為何我們綠色環保者弄錯了〉，也促成英國第四家電視台播放電視節

圖4-8-14　英國環保者　　圖4-8-15　美國《潘朵拉的承諾》紀錄片，
　　　　　霖納斯。　　　　　　　　　　右為中文版海報。

目〈綠色環保運動弄錯什麼〉；他解釋之前的一些強烈信念其實是錯誤的，例如反對核能導致加速氣候變遷。2013年1月，他在「牛津農耕會議」（Oxford Farming Conference，英國農夫的年度會議）演講，詳述他從歐洲反基改食品運動的組織者，轉換成為基改科技的支持者：「2008年，我還在《衛報》寫文章醜化基改科技，即使我沒做過基改的學術研究，對其科技的理解也很有限，也沒讀過同儕評審的基改或植物科學論文。」對於破壞基改作物的田間試驗，他深致歉意。他不滿之前支持的組織，包括綠色和平組織、有機貿易團體等，忽視基改作物的安全性和福祉的科學事實，因與這些組織的意識形態相衝突。

　　他願意認錯，別人呢？2013年，美國環保導演史東（Robert Stone），拍製電影《潘朵拉的承諾》（Pandora's Promise，片名源自於希臘神話潘朵拉：「她在盒子底部找到了希望」，圖4-8-15），該片大哉問：「我反核，但會不會我的恐慌一直是錯的呢？」描述霖納斯等幾位曾強烈反核，後來改觀的著名環保人士。

九、小結：知識＋明辨思考

科學家需要監督，因會犯錯，例如，缺乏明辨思考。關於基改、電磁波、核能，我國一些「邊緣」科學家，常引述國際邊緣科學家觀點，又自以為專家，其實只是幻象，但他們樂於成為媒體寵兒、民代顧問。

一般人不解「證據權重」的意義，例如，以為有人反對，就表示無科學共識；又無力判斷科學正誤，以為少數異議者就是「社會良心」。

當前環境變遷與汙染等環保問題，需「基改、電磁波、核能」助一臂之力，反對者，更應具自知之明、反省自己的言責。

⚯ 曲終

2013年，一位香港的大學教授，在筆者演講後，詢問為何替基改安全性辯護？因筆者主張聽信世界衛生組織，則別人可依反基改者意見而聽信綠色和平？筆者答覆，身為科學家，看到有人硬拗「水的組成是H_3O」（而非H_2O），自當挺身維護科學的正確性；在「基改」科學議題上，綠色和平無基改專家，卻遐想偏頗論點（如本書提到百餘位諾貝爾獎得主的駁斥），而世界衛生組織的聲明，則為全球優秀科學家合作研究的結果，豈可相提並論？綠色和平自有專長，但不解基改。

> 公卿之內，情有愛憎，憎者惟見其惡，愛者惟見其善。愛憎之間，所宜詳審。若愛而知其惡，憎而知其善，去邪勿疑，任賢勿貳，可以興矣。
>
> —— 唐朝諫臣魏徵

當前社會，多人以為基改、電磁波、核能，有害健康而抗爭，其實是誤解科技、或風險意識過高；卻受許多媒體喜愛、民代撐腰，而扼殺此三科技，導致重傷國家經建、社會和諧、民生福祉。何以「蟬翼為重，千鈞為輕；黃鐘毀棄，瓦釜雷鳴；讒人高張，賢士無名」？

萬山不許一溪奔，攔得溪聲日夜喧，到得前頭山腳盡，堂堂溪水出前村。

—— 楊萬里，南宋詩人

反對者「愛心有餘、科學知識不足」，可於夜半夢迴時，捫心自問：「我真的懂這些科技嗎？瞭解其健康效應嗎？」

二十世紀中，英國歷史學家湯恩比（Arnold Toynbee）出書《研究歷史》，主張文明崛起之因，在於成功地應對了環境或外來刺激的挑戰；本書就是回應這些反對者；筆者為此三議題，奮鬥多年，在本書中分享心得，應可助益個人健康、社會和諧、國家進步。此刻想到的是，1859年，英國大文豪狄更斯（Charles Dickens），以法國大革命為背景的歷史小說《雙城記》，書末說：

我現在做的，遠比我做過的更美好；
我將獲得的休息，遠比我所經歷過的更甜蜜。

參考文獻

一、中文

沈昌華，〈調和鼎鼐，福慧雙修〉，《我所認識的孫運璿──孫運璿八十大壽紀念專輯》，孫運璿學術基金會，1993年。

林崇熙，〈從B型肝炎防治早期歷史，來看科技顧問組功能問題〉，《科技報導》，民國82年7月15日及8月15日兩期。

亭布瑞（John Timbrell），《毒物魅影》，商周出版，2006年。

陳立誠，《沒人敢說的事實：核能、經濟、暖化、脫序的能源政策》，獨立作家，2013。

蘇瓦茲（Joe Schwarcz），《蘇老師掰化學》，天下文化，2006年。

二、英文

Clearing the Smoke: Assessing the Science Base for Tobacco Harm Reduction, Institute of Medicine, USA, 2001.

Dorothy Nelkin, Selling science: How the press covers science and technology, Freeman & Co., 1995.

Frederick Seitz, On the Frontier: My Life in Science, AIP Press, 1994.

George Wald, "The Case Against Genetic Engineering," The Sciences, Sept./Oct. 1976.

Jared Diamond, The World Until Yesterday: What Can We Learn from Traditional Societies? Penguin Books, 2012.

M. Ghiassi-nejad, et al.,Very high background radiation areas of Ramsar, Iran: preliminary biological studies, Health Phys. 2002 Jan; 82(1): 87-93.

Public Engagement on Genetically Modified Organisms: When Science and Citizens Connect: A Workshop Summary, Holly Rhodes and Keegan Sawyer, National Research Council, 2015.

國家圖書館出版品預行編目資料

恐慌蔓延時：破除現代科技的迷思／林基興
著. -- 初版. -- 臺北市：五南, 2017.08
　面；　公分.

ISBN 978-957-11-9211-6(平裝)

1.科學技術 2.社會正義 3.文集

407　　　　　　　　　106008630

5A12

恐慌蔓延時：破除現代科技的迷思

作　　　者 ― 林基興（124.6）

發 行 人 ― 楊榮川

總 經 理 ― 楊士清

主　　　編 ― 王正華

責任編輯 ― 金明芬

封面設計 ― 陳翰陞

出 版 者 ― 五南圖書出版股份有限公司

地　　　址：106台北市大安區和平東路二段339號4樓

電　　　話：(02)2705-5066　傳　真：(02)2706-6100

網　　　址：http://www.wunan.com.tw

電子郵件：wunan@wunan.com.tw

劃撥帳號：01068953

戶　　　名：五南圖書出版股份有限公司

法律顧問　林勝安律師事務所　林勝安律師

出版日期　2017年 8 月初版一刷

定　　　價　新臺幣500元

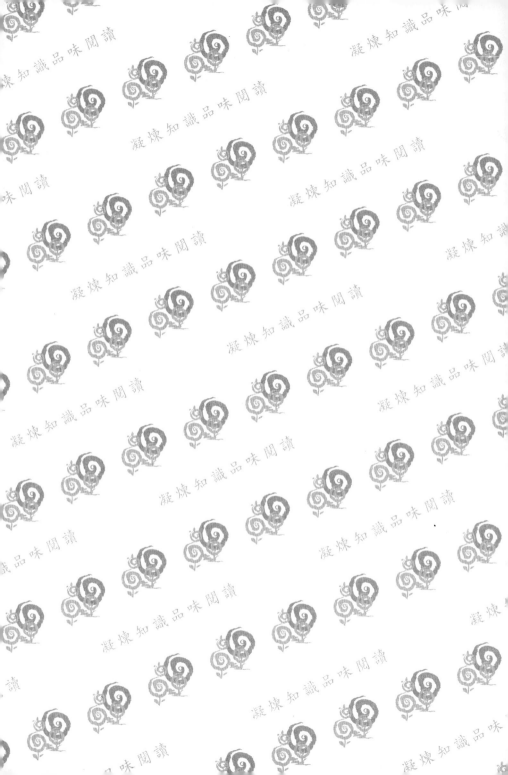